Welcome
aboard!

크루, 스탠바이

크루, 스탠바이
Crew, Standby

조병래

걸어서 오대양을 건너는 사람들 이야기

흔들의자

이 책을 출간하며

1987년 5월 11일 입사해서 2020년 10월 31일은 승무원의 제복을 벗는 정년의 날이다. 지금까지 만 33년 5개월 20일을 비행했다. Duty로만 비행한 시간이 약 33,000시간이다. 비행기로 이만한 시간이면 2,900만Km에 달하고 지구를 730바퀴 돈 셈이다.

이렇게 오랜 기간 승무원으로 남을 수 있었던 것은 입사 이후로 계속 이어진 고도의 경제 성장으로 회사도 팽창기에 있었기 때문이 아닌가 싶다. 성수기인 5월부터 9월까지는 승무원이 늘 부족한 상태라 서너 해 빼고는 휴가를 받아본 적이 없을 정도다. 그 서너 해 중에는 1997년 국가 부도 사태인 IMF 외환위기 직격탄도 들어간다. 회사도 이 위기를 피해갈 수 없었던 당시, 승객과 화물의 급격한 감소와 언제 회복될지도 모르는 상황이 되니 회사도 이 위기를 헤쳐 나가기 위해 노선 감축과 축소로 비용을 절감하게 되었다. 그러자 남는 인력이 발생하니 과장급 이상 관리자에 대한 명예퇴직으로 나타났다. 이때가 입사 10년을 갓 넘긴 과장 2년 차라 이 범위에 들어온 상태였다.

생각해보면, 이때가 내 인생에서 가장 큰 위기였던 것 같다.

나름 이렇게 좋아하는 승무원 생활이 끝나고 실직하면 무엇을 하며 살까를 많이 고민도 했다. 그리고 이때는 근무 중에 발생한 잘못이나 실수로 승객으로부터 받는 승무원의 저승사자로 통했던 '불만 서신'(VOC)을 받으면 잘릴 수 있다는 불안감에 살얼음 밟듯 근무했던 기억이 지금도 생생하다.

자신감 넘쳤던 20대 후반의 나이에 입사, 이때만 해도 해외여행이 쉽지 않았던 시절이라 한 5년 동안은 해외여행이라는 신천지를 만나서 팀원들과 고삐 풀린 망아지처럼 정신없이 돌아다닌 추억이 주마등같이 지나간다. 목적지에 도착하면 팀원들이 다 모여 뒤풀이처럼 하곤 했던 술자리(우리 속어로 Landing Beverage), 그러면 다음 날은 여승무원들과 함께 투어를 가던지, 아니면 사회생활을 위해 사무장과 함께 식사하거나 취미 생활을 함께하며 시간을 보냈다

5년 후부터는 진급도 했고 비행에 익숙하고 노련하게 된 시기다. 이때는 유명 관광지는 거의 가본 상태. 호텔 방에 있는 것을 싫어했던 성격이라 혼자서 시내의 시장이나 골목을 다니며 그 도시에 대해 깊이 알게 된 시기였다. 처음 가장 흥미를 느꼈고 신기했던 곳이 주말에 열리는 벼룩시장이다. 파리에 가면 승무원 묵는 호텔이 파리 외곽의 Galini라는 지역인데, 토요일이면 여기서 우리나라 5일장과 비슷한 광경을 보았다. 외국에서 이런 곳이 있을 줄 몰랐고 서민들의 생활을

보고 구경하는 매력과 흥미에 빠졌다. 이런 곳에서 보내는 즐거움을 느끼면서 내가 가는 도시에 대해서 여행서나 호텔 프런트서 물어 얻은 정보로 찾아다녔다.

런던의 페티코트 Lane에 있는 벼룩시장에서 만난 한국 동전 2개 – 상평통보와 구한말 5푼짜리 동전, 이런 곳에서 한국 물건을 본다는 것이 너무 신기하기도 해서 사지 않을 수 없었다. 이게 나의 취미로 코인 수집가가 된 모티브다. 이때가 95년쯤이다.

인터넷이 지금같이 보급되지 않았던 때라 근무로 가는 도시의 전화번호부(Yellow Pages)에서 정보를 얻었고, 이곳에 적힌 동전 판매상의 주소를 보고 찾아다니며 본격적으로 돈과 정열을 쏟아 부었다.

해외 어느 도시를 가도 이렇게 찾아갈 목적지가 있었기에 비행 근무가 소풍 가는 날처럼 설레고 기대가 되었다.

그렇게 25년 넘게 수집한 물건은 집안에 가득할 정도로 쌓였다. 시간 날 때마다 이것을 정리하고 목록을 만들고 중복된 것은 이베이 같은 경매 사이트에 팔기도 했다. 이것은 정년 후도 계속될 일이고 정년 후 시간도 잘 보낼 수 있는 친구며 자산이다.

내 인생에서 가장 잘한 직업 선택으로 승무원이 되었다는 것을 지인들에게 늘 자랑스럽게 말해왔다. 스케줄 근무 형태라 단거리나 장거리에 상관없이 근무만 끝나면, 그 이후는 나의 시간이기 때문이다. 그래서 상시 출근하는 일반 직장에 비교해 나의 시간이 많은 직업이라 취미 생활이나 하고 싶은 일을 시간 제약을 덜 받으며 할 수 있었다. 이렇게 책을 내게 된 것도 이런 장점 때문에 정보를 찾고 발품을 팔며 확인하며 많이 찾아다닌 결과물이 아닐까 싶다.

2020년은 승무원 50년 역사에 한 번도 경험하지 못한 보릿고개를 겪고 있다. 코로나가 본격화된 4월부터 10월까지 6개월 동안은 겨우 2달만 근무했다. 그러니 금전적 정신적 고통을 심하게 받고 있어도 회사에 붙어 있음을 다행으로 알고 있어야 했다. 퇴직 후 1년이 훨씬 지난 지금도 이 코로나 사태가 언제 풀릴지 기약이 없는 상황으로 더 어려워지는 후배를 보니 걱정에 마음이 무겁기만 하다. 승무원의 가슴에 달고 있는 Wing이 다시 힘찬 날개 짓 하는 날을 간절히 빈다.

마지막으로 이 책을 내는데 고마운 사람이 있다. 책 디자인과 삽화를 그려준 둘째 딸 현주. 또 내가 좋아하는 취미 생활에 대해 불만 없이 믿고 응원해주며 34년 동안 가정을 잘 이끌어준 아내에게 감사함을 전하며 이 책을 바친다.

조병래

[목차]

#3 Happening

#4 Tour & Culture

#1
Crew

비행기를 타면 승무원들이 하는 일이란 우선 좌석 안내부터 시작해서 안전벨트 확인, 구명 장비 설명, 그리고 신문과 잡지 등의 읽을거리와 각종 음료수 및 기내식을 서비스한다. 그 외에 비행 중에 긴급 환자가 발생하거나 비상사태가 발생했을 때 승객의 구명이 어떤 서비스보다 중요한 임무다.

지금은 비행기에 스튜어디스가 없는 여객기란 생각할 수도 없을 것이다. 원래 객실에서 승객에 대한 서비스를 전담하는 스튜어디스(여승무원)나 스튜어드(남승무원)같은 객실 승무원이란 것이 따로 없었다. 처음 이 일을 맡은 사람은 부조종사(Flight Office)였다고 한다.

비행 중에 커피를 서비스하거나 멀미로 고생하는 승객을 돌보는 일이 이 당시 업무의 한 가지였다. 그러나 아직도 이런 전통이 남아 있는 유럽의 어떤 항공사는 기장이나 부조종사가 탑승이나 하기 시에 객실에 나와 승객에게 인사하는 관습이 남아 있다.

여객기에 가장 먼저 승무원을 탑승시킨 항공사는 1928년이며 그 항공사는 독일의 루프트한자였다. 이때는 여승무원인 스튜어디스가 아니라 남승무원인 스튜어드였다. 이 당시 남승무원을 'Air Steward'라고 불렀다. 비행기를 이용하는 승객들 대부분이 상류층이나 고위층이라 이들에게 필요한 각가지 보살핌- 특히 비행 멀미의 시중이 많았고 그 외 비행시간이나 항로 안내 등을 알려 주는 것이 주 임무였다. 아마 이것은 당시 유럽에서 고급 서비스 업무를 주로 남성들이 맡아 온 전통 때문이 아닌가 싶다. 즉 귀부인 같은 젊은 여성이 다른 사람을 서비스한다는 것은 사회 통념상 말이 되지 않았던 시대였다.

지금은 거의 없어졌지만 1990년대까지 호주 콴타스 항공은 객실 서비스를 남승무원들이 거의 도맡아 하는 항공사였다. 이 항공사는 아직도 남승무원 비율이 다른 항공사에 비해 월등히 높다. 스튜어디스가 객실에 처음 탑승한 것은 루프트한자가 남승무원을 탑승시킨 지 2년 후인 1930년이다. 미국의 4대 항공사 중의 하나인 유나이티드 항공의 전신인 Boeing Air Transport라는 회사였다. 미국에서도 당시 여성을 항공기에 탑승시킨다는 것이 여성이 사관학교에 처음 입학하는 것만큼이나 센세이션을 일으키는 일이었다. 회사의 반대에도 불구하고 굽히지 않은 한 맹렬 여성의 끈질긴 집념이 이루어낸 결과다.

항공 역사상 1호 스튜어디스인 여성은 간호사 출신의 '엘렌 처치'다. 그녀가 당초에 보잉사에 들어가고 싶었던 것은 조종사였다. 당시로는 상상할 수도 없는 제안이었다. 회사가 허용할 수 없다는 단호한 태도에 타협안으로 내놓은 것이 비행기에 탑승해 승객의 시중을 들겠다는 것이었다.

엘렌 처치의 지칠 줄 모르는 집념에 결국 손을 든 항공사는 1개월이라는 조건부 탑승 허용이었다. 이날이 1930년 5월 15일, 샌프란시스코서 와이오밍주의 사이안 노선이었다. 사회의 통념을 깨고 여성이 비행기에 탑승해서 서비스한다는 것이 승객으로부터 대호평을 받았다. 이 일은 언론을 통하여 전 세계로 퍼져나가게 되었고, 다른 항공사에서도 승객들이 좋아하는 일이다 보니 경쟁을 위해 다투어 도입되기 시작한 것이다. 이 제도는 미국보다 더 보수적이던 유럽에도 바로 도입되기 시작했다. 제일 먼저 도입한 항공사는 Air France의 전신인 피아망 항공사였다. 이어 1934년에 스위스 항공이, 그리고 1935년에는 네덜란드 KLM 항공이 이 제도를 도입했다. 그리고 3년 후인 1938년에 독일 루프트한자 항공이 세계 최초로 남자 승무원을 태웠다. 이후 전 세계 항공사들이 승무원을 다투어 뽑게 되면서 항공사의 대표적인 이미지로 자리 잡게 되었다.

객실 승무원이라는 명칭도 처음에는 객실 승무원을 '비행 중 시중드는 사람'이란 의미로 Flight Attendant라 불렀다. 비행기를 타고 여행한다는 자체가 불안할 수밖에 없었던 당시로는 이런 승객의 불편과 불안을 조금이나마 안심시켜 주는 사람이 바로 승무원이었다.

여객기에는 조종 요원인 Cockpit Crew(조종사와 부조종사)와 승객에게 서비스를 담당하는 Cabin Crew로 구분된다.

여승무원에 대한 명칭도 여러 가지가 있다. 처음 여승무원이 탑승할 당시는 스튜어디스라 하지 않고 'Air Girl' 또는 하늘의 귀부인이란 뜻인 'Air Hostess'라며 사람들의 관심 대상이었다. 1호 승무원인 앨런 처치가 간호사이다 보니, 이 당시는 입사 조건이 간호사 자격이다 보니 'Air Nurse'라고도 했다.

그리고, 'Flight Hostess', 'Stewardess' 또는 객실을 돌보는 사람이라는 뜻인 'Cabin Attendant'라고 불렀다. 지금은 전 항공사들이 객실 승무원을 Cockpit Crew 혹은 Flight Crew와 구별하는 의미로 Cabin Crew라고 부른다.

우리나라에서는 일반적으로 스튜어디스라고 불리고 미국에서는 캐빈 어텐던트라고 한다. 비행기에서 승무원의 탑승 기준은 비행기의 좌석 수에 따라 다르지만, 국제 민간 항공 기구인 I.C.A.O에는 최소 필요한 탑승 인원이 마련되어 있다. 이것은 비상시를 대비해서 필요한 최소 승무원 수로 대략 좌석 수에 50으로 나눈 수다.

승무원이라는 직업

승무원들은 자기를 정의하는 말로 '역마살이 낀 사람들' 또는 '걸어서 오대양을 건너는 사람들'이라 말한다. 나의 어머니는 승무원을 공중에 매달려 사는 사람이라고 정의했다.

승무원을 오랫동안 한 사람으로 여기에 한 가지를 더 추가한다면, 항공기 승무원들이란 위험을 즐기는 사람들이라고 정의하고 싶다. 승객들은 가끔 우리에게 비행기를 타는 직업이 겁나지 않으냐고 묻곤 한다. 항상 대답은 아니라고 말하며 그 대답으로 인간이 이동하는 교통수단 가운데 비행기만큼 안전한 것은 없다고 말한다.

이처럼 안전하기도 하고 직업상 늘 타는 것이라 익숙해져 있긴 하지만, 비행 중 불안을 느낄 때가 전혀 없는 것은 아니다. Air Pocket(난기류)을 통과하거나 악천후 지역을 통과할 때 일어나는 심한 기체 요동, 또 공항에 거의 착륙하려던 비행기가 갑자기 기수를 올려 상승할 때는 긴장도 많이 하지만 덜컹 겁이 나기도 한다.

이런 상황에서 무의식적으로 여러 가지 가상적인 사건 상황들이 뇌리를 스친다. 그처럼 온갖 시나리오를 만들었다가 지우는 일을 몇 번이고 반복하는 사이, 어느덧 그런 상상 속에서의 짧은 위기 상황을 스스로 즐기는 버릇이 생기게 된다. 그리고 현실로 돌아오며 그 위기감을 없애 주는 것은 언제나 '믿음'이다.

삶과 죽음, 그 두 갈래의 길을 마음이라는 평면에 그려 놓고 보면 그 두 개의 길이 갈라지는 지점에는 믿음이 있다는 사실을 알게 된다. 그래서 승무원들은 인간의 모든 지혜와 첨단기술의 결정체인 항공기를 믿고, 그것을 움직이는 조종사를 신뢰하게 되는 것이다.

세계 최초로 객실 승무원이 탑승했던 1930년대의 객실 교범에는, '승무 중에는 잘 훈련받은 하인처럼, 겸양을 겸비한 공손한 태도를 갖출 것'이라 적혀 있다. 그 이래로 바뀐 것은 아무것도 없다. 예나 지금이나 승무원에게는 권리는 없고 책임만이 요구된다. 승무원들은 그것을 천직으로 알고, 내 마음의 상태가 좋고 나쁨에 상관없이 비행기 안에서 승객에게 봉사하는 일에서 보람과 기쁨을 찾으려 한다.

그러나 여러 계층의 사람들과 다양한 인종, 이런 인종보다 더 다양한 성격을 가진 사람들과 부딪치다 보면 속상한 일이 한두 번이 아니다. 승객들로부터 아주 부당한 대접을 받아도 누구에게 하소연하지도 못하고 가슴앓이만 하며 삭힌다. 간혹 담당한 지역의 승객으로부터 억지와 다름없는 불만 편지(Complaint letter)라도 접수되면 사무실에 불려가서 보고서를 쓰고 사유서를 써야 할 때는 당장이라도 사표를 던지고 싶은 마음이 굴뚝처럼 솟아나기도 한다.

이러다가도 친절한 손님의 수고한다는 따뜻한 말 한마디에 이런 속상한 마음이 봄눈 녹듯 녹아내리는 것이 승무원의 어린애 같은 마음이다. 설사 기내에서 불쾌한 일이 있다고 할지라도, 그런 것은 세월과 함께 잊힐 수도 있다.

승무원은 사람이 살아가면서 그때그때에 맞춰 꼭 해야 할 인간적인 도리를 제대로 못 하는 경우도 많다. 임종이 가까운 부모가 그토록 간절하게 승무원 아들딸을 찾아도, 비행 근무를 나가 있으면 그들은 당장 부모 곁으로 달려갈 수가 없다.

그리고 동창회나 가족과의 중요한 모임도 그들이 모이기 쉬운 주말이나 일요일에 잡혀 있다. 스케줄 근무하는 승무원은 이 날짜를 여간해서 맞추기가 쉽지 않다. 친척이나 친구가 경사나 조사가 있는 것을 알아도 비행기에 실려 있는 몸이면 또한 갈 수가 없다. 모든 상황이 끝난 다음에야 인사를 하게 되니 도리를 하고도 미안한 마음만 앞선다.

나는 우리 집의 장손이지만, 명절이라 해서 대구에 있는 부모님 집에 내려간 적이 손꼽을 정도다. 설사 쉬는 날이라 치더라도 갔다가 올라올 교통수단이 없다 보니 하루 이틀 쉬는 날로는 다녀올 엄두조차 못한다.

아이들에게도 빵점 아빠다. 두 딸이 어릴 때, 유치원이나 학교에서

아버지를 초대하는 날이 있는 모양인데, 그런 날도 역시 스케줄 때문에 참석하지 못하곤 했었다. 다른 친구들은 다 아빠가 왔는데 자기만 엄마가 따라왔다고 징징대는 작은 녀석의 모습이 지금도 미안한 생각과 함께 생생하게 기억이 난다.

공중에서나 땅에서나 사람이 사는 곳에서는 같은 이치가 작용한다. 인간은 누구나 자신의 비위를 맞춰 주면 좋아하고, 조금만 소홀히 하는 기색이 보이면 짜증을 낸다. 더구나 비행기와 같은 좁고 폐쇄된 공간에서는 더 심한 것 같다.

콩나물시루처럼 빽빽하게 배치된 좌석이 승객들로 꽉 메워져 있을 때는 누구나 마음의 여유가 없어진다. 동물들도 한 울타리 속에 수가 많을수록 다툼이 잦다고 동물학자가 말한 기억이 난다. 비행기 속 승객들도 동물들이 영역을 다툴 때처럼 긴장되고 답답한 분위기를 느끼게 된다. 이런 긴장된 감정이 불만이라는 이름으로 표출되곤 하는 것이다.

이런 불만과 불평은 자신에게 조금만 더 관심을 가져 달라는 애원이며 부탁이라는 사실을 알게 되기까지는 약 5년이란 시간이 걸렸던 것 같다. 이 세상에 태어난 보람을 이런 사람의 응석을 모두 받아들이는 곳에서 찾아보겠다는 마음 다짐했을 때, 이전까지는 마음의 짐으로만 생각되었던 승객 한 사람 한 사람이 노예처럼 비위나 맞추며 굽실거려야 할 대상이 아니라 봉사의 대상이라는 평범한 진리를 이해하기 시작하면서 진짜 승무원으로 변태를 할 수 있게 되었다.

이후로 승무원이라는 직업이 즐거웠고 즐거우니 적성에도 맞아 이 직업이 나의 천직으로 자리 잡아갔다. 지구촌을 동네 구경 다니는 듯한 직업을 34년간 하면서 33,000 시간을 비행기 속에서 보냈다. 이만한 비행시간이면 지구를 730 바퀴 돈 거리다. 그런 후 2020년 10월 31일, 비행기와 함께한 내 천직과 이별하는 날이었다.

승무원의 취미

여행 자유화가 실시되기 직전인, 1983년까지만 해도 승무원이라는 직업은 일반인들에게는 상당한 선망의 대상이었다. 가장 주된 이유 가운데 하나는 승무원들이 보통 사람들은 한 번 가기도 힘든 해외를 수없이 드나들 수 있기 때문이었다.

나 자신도 물론 입사 초기에는 가는 곳마다 모두 처음 가는 도시라, 마치 수학여행을 떠나기 전날 밤의 학생처럼 비행가는 곳에 대한 호기심과 기대로 가슴이 설레었던 것이 사실이다. 이때는 세계 여러 나라의 이름난 도시들을 가볼 수 있다는 기쁨 때문에 비행 일이 힘든 줄도 모르고 재미있기만 했다.

그러나 차츰 시간이 지나고 가볼 만한 유명 지역을 거의 다 구경하고 나중에 새로 입사한 후배를 데리고 다시 갔을 때는 처음 왔던 그 감동은 없었다. 그렇다 보니 외국에 가서도 시간만 나면 호텔에만 박혀 있는(승무원들 속어로 '방콕') 시간이 점점 길어지게 되었다.

대부분 생활 속에서 시간이 남아 무료함과 무력감을 느낄 때가 바로 취미를 찾는 시기인 것 같다. 가령 여승무원의 경우, 티스푼이나 귀엽게 생긴 미니 양주병을 모으거나, 각국의 인형, 우표, 심지어는 별다방 머그컵 같이 디자인이 예쁘고 그 나라의 전통이나 민속적인 특색이 잘 나타나는 기념품을 모으는 것이다. 외국에 자주 나가는 승무원에게 가장 손쉬운 것은 역시 이처럼 적은 돈으로 손쉽게 구매할 수 있는 것을 수집하는 일이다.

조금 특이한 수집품으로 골동품 카메라가 있는데, 이들은 각국의 벼룩시장은 물론 전당포같이 보통 여행객은 잘 찾아갈 수 없는 그런 곳까지 가서 마음에 드는 수집품을 손에 넣기도 한다. 그러나 무언가 한 가지를 이렇게 해서 꾸준히 모으다 보면, 공부도 하게 되며 모르는 사이에 전문가가 되는 것이다.

이런 취미를 가진 사람들은 특이한 버릇 같은 것이 있는데, 음악의 분야가 특히 그런 것 같다. 이들은 클래식에서부터 팝, 샹송, 칸소네, 재즈, 락에 이르기까지, 희귀한 음반을 찾기 위해 중고 시장이나 벼룩시장을 찾아다닌다. 이쯤 되면 수집광이라고 할 수 있다.

몇몇 사람은 이런 취미가 생업으로 연결된 사람도 있다. 내가 아는 선배 가운데 한 사람도 우리나라에 레게음악이 알려지기 전인 1990년경부터 외국에 나갈 때마다 이 장르의 CD와 LP를 닥치는 대로 모으더니 5년 후가 되자 어느새 600장이 넘었다. 이 분야에 유명인이 되니 동호인들을 모아 발표회도 하고 그 분야의 책을 번역하는 등,

이 음악의 전문가가 되어 있다.

나 자신도 취미를 갖고 있는데, 그것은 각국의 동전과 지폐를 모으는 일이다. 그리고 전화카드와 복권도 함께 모으고 있다. 이들은 나라마다 디자인과 색상들이 그 시대를 대변하는 메시지가 담겨있어 매력이 있다.

지금은 어느 나라에 가도 찾기 힘든 것이 공중전화다. 그래서 전화카드도 찾아보기 어렵다. 이것은 지폐와 동전을 파는 가게에 가면 구할수가 있어, 동전을 사러 가서 자주 보게 되었고 그래서 자연스레 함께 모으게 되었다.

어느 도시의 어느 곳에서 어떤 물건들을 파는지 지도를 그릴 수 있을 정도로 많이 갔었다. 그 도시에 갔을 때는 혹시라도 할인 판매하거나 마음에 드는 동전이나 지폐가 있을지도 모른다는 기대를 하고 자석에 끌리듯 그 가게로 발걸음을 옮기게 된다.

이처럼 꾸준하게 노력하다 보면 언젠가는 보답을 받게 되기 마련이다. 나도 어느 날, 하와이의 한 코인 가게서 눈이 번쩍 띄는 코인을 손에 넣게 되었다. 조선 시대에 주조된 상평통보와 갑오경장이 일어난 1892년에 만들어진 오 푼짜리 주화였다. 이때의 기쁨은 수집하는 사람에게는 심마니들이 '심봤다'라는 말을 할 때의 그 기분이다.

나는 승무원의 취미로서는 사진이 가장 좋지 않을까 생각한다. 희귀한 골동품이나 다른 물건을 수집하는 것보다 돈도 훨씬 적게 들 뿐아니라, 자기 눈으로 직접 본 세계 각국의 풍물들을 변하지 않는 모습으로 카메라에 담을 수 있고, 세월이 지나면서 흐려지는 소중한 기억을 붙잡아 두는데, 그 이상 좋은 도구는 없을 것이다.

나와 절친한 어느 사무장은 18년 동안 비행 생활을 보내면서 세계 여러 곳에서 찍어놓은 사진들이 4, 5천 매가 훨씬 넘었다. 이렇게 취미 삼아 찍어둔 사진들을 스톡 포토 에이전시에 맡겨두고 틈틈이 저작권료로 용돈을 버는 것을 볼 때 참으로 부러운 생각이 들었다. 사진은 이처럼 취미와 실익을 겸할 수 있는 매체가 아닌가 싶다.

그 밖에 승무원 중에는 싱글의 핸디캡을 가질 정도로 골프를 잘 치는 사람들이 많다. 비싼 한국의 골프장과는 달리, 미국과 동남아의 골프장 라운딩 요금이 믿을 수 없을 만큼 싸다는 것은 골퍼라면 다 아는 사실이다. 이것도 승무원이란 직업적인 이점을 잘 활용해서 즐길 수 있는 취미 가운데 하나가 아닐까 싶다.

좋은 취미란 분에 넘치는 것을 하려는 것이 아니라, 이처럼 자신이 처한 환경이나 여건을 잘 이용해서 즐겁게 자신의 인생을 살찌우게 하는 것이 아닐까 생각한다.

승무원의 존재란 항공기라는 좁은 공간 속에서 많은 승객을 불편하지 않게 하려고 노력해서 안전하게 목적지에 도착하는 것이다. 이런 사항에 대해서는 매년 정기 교육과 공지를 통해 개선하고 있다. 가장 일상적으로 일어나는 일이라면 간난 아기의 울음이다. 그리고 유아들의 바구니가 설치되는 좌석은 대부분 비상구 근방인데, 이곳은 일반석의 앞좌석이라 앞뒤 좌석이 넓어 상용 승객들이 잘 알아 예약하거나 요청하며 타는 좌석들이다.

가끔 아기가 경기하듯 울어대는 경우가 있다. 대부분은 불편해도 이해를 잘해준다. 그러나 까다로운 승객은 잠을 잘 수가 없다며 승무원한테 울지 않게 하라고 불만을 토로한다. 아기 엄마도 하지 못하는 일이라 옆에서 우유 정도나 타주면서 걱정스러운 표정으로 지켜볼 뿐이다. 이렇게 정답이 없는데 해결하라고만 다그칠 때는 이 직업에 대한 회의가 밀려온다.

공부에 스트레스 많이 받는 학창 시절, 그때 남자들은 친구끼리 모이면 영웅 심리가 발동하며 주위의 주목받고 싶어 하는 사람이 있다. 중·고등학생들이 수학여행으로 많이 가는 제주 노선. 남학생들이 많이 탈 때는 여승무원들이 경계의 눈초리를 가득 세운다. 특히 탑승 시 기내에서 승객들의 짐 정리나 좌석을 안내하기 위해 기내 순시할 때나, 또는 이륙 후 음료 서비스할 때다. 승무원들이 이런 업무에 집중할 때 짓궂은 학생들이 핸드폰으로 여승무원의 치마 밑을 카메라로 몰래 찍기 때문이다. 혼자만의 호기심이나 장난으로 그치면 크게 문제가 되지 않을지도 모른다. 그렇지만 영웅 심리로 친구들이나 지인들에게 자랑한다고 SNS로 나르다 보니 문제가 커지게 되는 것이다. 이렇게 하다가 발각되어 담임선생한테 넘겨진 경우가 비일비재하다.

항공기에 기내 오락 시스템이 이코노미석까지 개인용 LCD 모니터가 도입된 게 약 20년 전이다. 30년 전에는 벽면에서 내린 스크린에 프로젝트로 쏘아주는 영상이었다. 그러니 당연히 화질이 좋을 수가 없다. 그러다가 90년대 중반 일본이 주도하던 전자 산업이 무르익으며 그 비싸던 LCD 모니터가 여러 나라에서 양산 단계로 접어들면서, 새로 도입되는 비행기의 일등석과 비즈니스 클래스에 먼저 개인용 모니터가 장착되어 들어왔다.

그 이후 약 5년, 보잉사의 B-777과 에어버스사의 A-330 비행기가 도입되면서 개인용 모니터와 함께 주문형 오디오와 비디오 시스템인 AVOD가 들어오면서 항공사 간의 서비스 경쟁이 불을 댕겼다. 이런 것들이 그 당시 항공사의 광고에도 그대로 표현되었다. 그러나 이 시스템이 정상적으로 작동되면 문제가 없다. 대형기에는 약 400석을 이런 모든 장치를 컴퓨터가 컨트롤 하다 보니 작동이 되지 않거나, 조치했음에도 불구하고 다시 살아나지 않을 때가 종종 생기곤 한다.

문제가 되는 것은 성수기 만석일 때다. 좌석을 옮겨 주려 해도 좌석이 없다 보니 난감할 뿐이다. 담당 승무원과 사무장이 양해를 구할 수밖에 없다. 특히 이것을 핑계로 상위 클래스로 요구할 때 마음은 영화 볼 동안이라도 그렇게 해 주고 싶지만, 회사 규정도 아니고, 그렇게 하면 해당 클래스 승객이 불만이다. 이렇게 사면초가에 빠져 스트레스 받을 때도 이 직업에 대한 회의가 온다.

어느 항공사나 이름은 서로 다르지만 이용한 고객을 잡기 위해 마일리지를 적립해주는 프로그램을 운영한다. 그것이 정해진 이상의 마일리지를 적립하면 부가되는 우대 프로그램이 있다. 50만 마일과 100만 마일 이상 탑승한 승객들이다. 이런 승객이 받는 큰 혜택이라면 공항 라운지 사용과 전용 체크인 카운터, 탑승 수속 시 수화물 우대 그리고 초과 예약되면 좌석 승급도 우선으로 해준다. 탑승하면 사무장이 감사의 인식 서비스도 한다.

위의 이런 특별 혜택을 받으면서도 기내에서도 계속해서 더 특별하게 서비스해 주기를 바라는 사람들이 종종 있다. 승무원의 실수 등을 문제 삼아 상위 클래스의 이런저런 아이템을 요구할 때는 승무원이라는 직업이 후회된다.

승무원들의 주목을 받는 승객이라면 좌석 무단 점유다. 여기에는 두 종류가 있다. 사실 같은 클래스에서 편할 것 같은 좌석으로 옮기는 것은 승무원이 보고도 제지를 안 한다. 그러나 상위 클래스로 옮겨가는 승객이 문제다. 담당 승무원이 승객 숫자가 맞지 않아 대조해서 찾다 보면 출발도 늦어진다. 결국 찾아 원래 좌석으로 돌아가라고 해도 막무가내로 돌아가지 않겠다는 승객일 때는 난감하다. 사무장 말은 무시하면서 완강하게 버티다가 운송 직원이 와서 항공법 위반이라는 말로 공항 경찰을 부르겠다고 하면 그때는 바로 꼬리 내린다. 지금은 항공법이 강화되어 이런 일이 생기면 기장에 보고만 하면 바로 경찰을 불러 해결한다.

한일 한중 노선의 핵심인 도쿄나 북경 상해에서 서울로 올 때 비행시간은 1시간 30분 정도이다. 승객이 만석일 때는 식사 서비스하고 회수하면 10분 정도면 착륙 준비를 알리는 신호가 나온다. 이때는 모든 기내 서비스 행위를 중단하고 착륙 준비로 승무원들이 가장 바쁜 시간이다. 당연히 기내 면세품 판매도 중단된다. 앞쪽부터 이루어지다 보니 기내 후미 승객들은 구매할 수가 없다. 이런 사정이다 보니, 자주 탑승하는 승객은 탑승하자마자 승무원에게 주문 요청을 한다. 비행 경험이 적은 승무원은 이것으로 인해 회사에 다른 일로 돌려서 불만을 쓸까 두려워서 해주곤 한다. 안 되는 것을 해주면 대부분 승객은 고마워한다. 그러나 한쪽 통로 승객은 해주고, 반면 반대편 통로 승객에게는 안전 업무 수행으로 안 된다고 했다. 이런 논쟁이 생기면 잘하려고 한 일이 규정 위반이 되었다며 사유서라도 내라고 할 때 마음속으로 또 사표를 쓰는 게 승무원이다.

기내에는 건강과 종교적인 이유 그리고 어린이들이 좋아하는 음식의 식사가 있다. 특별식이라 하는데 반드시 예약 시 요청해야 한다. 이것을 악용하는 얌체 승객이 있다. 신청했던 식사가 맛이 없어 보인다거나 원하는 것과 다르다고 트집 잡아 일반 식사를 요구한다.

어느 사회에나 잔머리 쓰는 사람을 보면 회의감이 생긴다. 신혼부부들이 많이 탑승하는 동남아 노선은 출발 시간대가 밤늦은 시간이 많고 현지서 돌아올 때는 자정 가까운 시간대가 대부분이다. 식사가 끝나면 승객들이 수면 취하기 쉽게 기내 조명이 취침 모드가 된다. 승객들이 수면에 들어가면 승무원도 할 일이 별로 없다 그러면 피곤이 몰려와 참기 힘든 졸음을 쫓기 위해 삼삼오오 갤리에 모여 수다 삼매경에 들어간다. 이때 갤리 주변 화장실에서 남녀가 함께 화장실에 들어가거나 나오는 경우를 종종 목격하곤 한다. 부러우면서도 눈살 찌푸리는 광경이다.

비행기 타기 전에 먹지 말아야 하는 음식이 있다면 고구마와 사과가 아닐까 싶다. 섬유질이 많아 이것을 섭취하고 비행기를 타면 장에 가스가 잘 차기 때문이다. 옆 승객이 방귀를 자주 뀐다며 좌석을 바꾸어달라고 하는데 그 승객이 외국인일 때, 방귀를 삼가해 달라고 말하고 싶은데 방귀라는 단어가 생각나지 않아 꿀 먹은 벙어리처럼 될 때 당황스럽고 난처했다.

승무원과 일반 직장의 차이

비행기를 타는 승무원들의 가장 큰 특징이라면 한 달간의 비행 스케줄을 한꺼번에 받아서 근무한다. 근무할 비행기 출발 시각에 맞춰서 출근하기 때문에 다른 직장처럼 출퇴근 시간이 일정하지 않다. 휴일도 따로 없고, 쉬어야 하는 주말과도 관계없이 근무해야한다. 단지 2000년을 전후해서 바뀐 점이 있다면 주말과 공휴일에 근무하면 비행시간의 50% 비행 수당을 더 받는다.

또 앞에서 잠깐 말한 것처럼, 선후배라는 개념도 일반 직장과는 다르다. 여기서는 입사하는 기수로 선후배 자리가 정해진다. 어떻게 보면 군대식이다. 그래서 학교 졸업 연도 같은 것은 따지지 않고, 단 하루라도 먼저 입사하면 선배 대접받는다. 그래서 들어오는 후배가 많아지면 일도 그만큼 편해지는 것도 군대와 비슷하다.

비행 근무하다가 보면 나중에 이것이 커다란 차이를 만들어 낸다.

승무원들이 각자 업무를 해야 하는 곳을 Zone이라 한다. First, Business, 그리고 Economy Class로 구분한다. 또 각 클래스도 업무가 다시 세세하게 나누어지는데, 승무원들은 해야 할 업무를 듀티(Duty)라며 Galley와 양쪽 Aisle로 나누어 배정되는데 Code로 구분된다.

선배가 되면 화장실 청소나 면세품 판매 때 물건 찾아오는 업무나 혹은 서비스 후 남은 아이템들의 잔량 파악, 그리고 비행이 끝난 다음의 서류 작업같이 힘든 업무에서 벗어날 수 있다.

비행기 안에서 각 듀티 별로 해야 할 일들이 중세의 도제식 비슷하게 정해져 있는데 만약 근무 중 다치거나 아파서 그 듀티를 수행할 수 없게 되면 일이 꼬여지게 된다. 그 지역의 일을 다른 누군가가 대신 와서 해야 하는데, 식사 서비스와 같이 서로 일손이 모자라는 시간이라 도와줄 여력이 없다. 그러다 보면 해당 지역의 서비스는 늦어지고 지연되면 참지 못하는 승객들의 호출이 많아지고, 그러면 승무원의 업무 강도는 자연적으로 힘들어지게 된다.

일반 직장에서라면 몸 상태가 좋지 않을 때는 무슨 핑계를 만들어서라도 잠시 빠져나와 사우나에 가서 쉬었다 올 수 있지만, 좁은 기내에서는 어디 숨을 만한 장소도 없다. 지독한 감기라도 걸려 서 있기조차 힘들 때는 화장실에 들어가서 잠깐 마음을 다스리고 나오는 것이 유일한 방법이다.

승무원들은 같은 비행기 속에서 생사를 같이하는 전우라고 흔히 말하곤 한다. 그러나 한 비행기를 타고 있다고는 하지만, 실은 일반 직장인들보다 유대관계가 끈끈한 편은 못 된다. 군이 이유를 찾는다면, 할당된 비행 근무만 마치면 회사로 들어가는 일이 없이 바로 집으로 퇴근하기 때문이 아닐까 싶다.

2001년 김포 공항에서 인천 공항으로 옮기고 나서는 유니폼을 입고 출퇴근하기 때문에 비행이 끝나고 팀원들과 식사라도 하러 가고 싶어도 눈에 띄어 어디 가기조차 힘들다. 시차 때문에 잠도 제대로 자지 못하며 온 비행을 마치고 와서 집에 돌아가서 쉬고 싶은데 회식이라도 하자고 하면 좋아할 사람이 거의 없다.

일반 직장에서는 밤샘하거나 일거리가 많아 동료끼리 얼굴을 붉혀가며 싸우는 일이 있다손 치더라도, 회식이나 단합대회 같은 만남의 자리를 통해서 그동안 쌓인 감정의 응어리를 풀 기회가 있다.

승무원도 기내 업무를 하다 보면 업무 미숙이나 실수 등으로 인해 선후배 간에 스트레스를 느끼게 되는 경우는 일반 직장인과 다를 바가 없다. 단지, 일반 직장과 달리 그런 감정을 풀 기회가 별로 없다는 점이다. 승객에게 받는 스트레스는 잘 견딜 수 있지만, 같은 팀의 동료 사이에 쌓인 이런저런 감정의 응어리를 숨긴 채 지내며 스트레스를 받는 승무원이 의외로 많다. 일 년 단위로 바뀌는 팀으로 근무하지 않는다면 일반 직장처럼 매일 얼굴을 대할 일이 없어 그때까지 참고 지내는 것이 후배의 설움이다.

1995년까지는 팀원끼리 모여서 술잔을 나누며 힘든 가운데도 동료애를 다졌던 때가 있었다. 갈수록 개성이 강하고 자기주장이 강한 세대들이 들어오다 보니 그런 풍토는 나처럼 오래 근무한 사람에게는 옛사랑의 희미한 추억으로만 남아 있다.

그러나 입사 동기끼리는 어느 직장보다 사이가 좋고 끈끈한 정이 있다. 어느 직장이나 입사 동기끼리는 친하지만, 승무원에게 동기란 더 각별하다. 승무원에게 동기란 업무를 모를 때 서로 가르쳐주고 공유하며, 어려움이 있을 때 가장 위로가 되고 상담자가 될 수 있다. 특히 남승무원들 동기회는 회사를 퇴직하고도 만남이 계속 이어지는 모임이다.

승무원들이 자랑할 만한 것이 하나 있다면 가정적이라는 점이다. 자주 집을 떠나서 있어야 하는 직업이기에, 가정과 가족을 소중하게 생각하는 마음은 어느 직장인보다 각별하다. 그래서 며칠씩 나갔다 귀국할 때는 가족들을 위해서 발품을 팔아서 사 온 선물로라도 환심을 사려고 노력하고, 또 쉬는 날이면 쉬고 싶은 마음보다 미안한 마음을 덜어주기 위해서 근교를 드라이브하며 가족에게 봉사하려는 모습을 보이는 사람들이다.

승무원의 세계가 일반 직장과 다른 점이 있다면 그것은 선후배를 기수로 따진다는 점이다. 지금은 이런 기수보다 입사 연도에 몇 차라는 것으로 바뀌었지만, 옛날에는 같은 해에 입사해도 며칠이라도 먼저 입사한 사람이 선배로서 대접받았다.

1991년에 승무원을 하다 결혼하거나 본인 사정으로 회사를 사직했던 전직 여승무원들을 대상으로 국내선만 전담할 승무원 30여 명을 뽑았다. 이들의 입사 교육은 공백 기간에 바뀐 서비스 교육과 안전 교육 등 신입 사원들이 거치는 교육과 똑같다. 이 교육이 끝나고 국내선 운송 부분 OJT(승객 안내 및 운송직원 보조) 교육받고 있었다. 이 과정을 마쳐야 국내선 비행기에 탑승할 수가 있었던 시절이다. 이때 국내선 비행기에는 이 과정을 2주 먼저 마친 **대학 출신 신입 승무원들이 비행 근무하고 있었다. 이들도 탑승 근무는 겨우 일주일 비행을 한 햇병아리였다.

이들이 국내선 근무를 하기 위해 비행기로 들어가면서 국내선 청사에서 얼마 전 거친 OJT 과정을 밟고 있는 승무원들을 보게 되었다. 멀리서 보니 이들이 선배일 거라는 사실은 꿈에도 생각되지 않았다. 그냥 제복 입은 모습만 보고 후배로 단정했다. 이것이 이들 재채용 승무원과 처음으로 만났던 날이다.

2주 전 자신들이 이 과정을 수행할 때는 다른 승무원이 시야에 들어오기만 하면 먼저 인사를 했었다. 그런데 이들은 늦게 입사한 후배임에도 마주 보면서도 인사를 하지 않는 것이다. 이렇게 일주일을 두고 보았는데 선배를 몰라보는 듯한 이들의 건방진 태도는 바뀌지 않았다.

이 버릇없는 후배들 이야기는 입에서 입으로 동기들 사이에 금방 퍼졌다. 동기들은 모이기만 하면 피를 토하듯 흥분하며 군기를 잡기 위해서는 이런 형편없는 후배들에게 따끔한 맛을 보여 주어야 한다는 의견에 일치했다. 동기 중에 그 역할을 맡을 당찬 선배가 선발되었다. 국내선 보안 구역 안에 있는 안내 데스크서 OJT하고 있던 2명의 승무원이 인사를 하지 않고 있자 그녀는 이때라고 생각하며 다가가서,

"얘, 너희들 몇 긴데 선배를 보고도 인사도 안 하니!"

이 말을 듣고 어이가 없었던 이 여승무원은 기가 막힌다는 표정으로,

"그러는 너는 몇 기니?"라 되받았다.

기가 죽어야 할 후배가 너무 강하게 나오자 뭔가 잘못되었다는 느낌

이 든 이 선배, 그 당당했던 기세는 상대의 말 한마디에 대답은커녕 근무할 비행기로 도망가듯 떠났다.

이 사건은 금방 전 승무원들이 알게 된 에피소드가 되었다. 근무 중에 이 말은 업무에 조금 눈치가 없는 후배 승무원에게 좀 잘하라는 의미의 말로 통했다. '너 몇 기니?' 말을 들었다면.

Miss-Flight

승무원에게 있어서 할당받은 비행기를 타지 못한다는 것은 치명적인 일이다. 이것은 군대에서 근무지 이탈과 비슷하다고 생각하면 될 것이다. 이에 대한 에피소드는 공동묘지의 무덤 수만큼이나 많고 다양하다. 그중에 특이한 상황을 소개하려고 한다.

1995년 8월 24일. 이날은 서울, 경기, 그리고 충청도 등 중부 지방에 사흘간 쏟아진 비로 홍수가 나서 곳곳에서 엄청난 피해가 일어났던 날이다. 서울도 한강의 수위가 높아지면서 저지대 도로가 여기저기 물에 잠겼다. 이런 실정이다 보니 한강 주변이나 샛강 부근에는 교통이 통제되었고, 이 주변에는 차들로 막혀 마치 거대한 주차장을 방불케 했다.

평소에 40여 분이면 충분했던 서울역에서 과천까지의 도로가 이날은

7시간도 넘게 걸렸다. 근무할 비행시간에 맞추어 출근하던 승무원들도 이날의 교통대란에 애태운 사람들이 부지기수였다.

동기였던 C씨는 이날 저녁 9시 50분 출발하는 국제선 비행기였다. 시내가 막힌다는 소식을 듣고, 늦지 않기 위해 오후 4시경부터 일찌감치 강남에 있는 집을 나섰다. 통상적으로 아무리 정체가 된다고 해도 공항까지 두 시간이면 충분했다.

늘 이용하던 올림픽 도로로 진입했다. 얼마 가지 않아 길을 가득 메운 차들로 꼼짝을 하지 않았다. 라디오 방송에서 나오는 뉴스에 의하면, 여의도 I.C 부근이 침수되어 교통이 통제되었다는 것이다.

차를 돌려 일반도로로 빠져나가려 했지만, 다른 사람들도 이런 사실을 알았는지 서로 먼저 나가려고 엉기는 바람에 도로는 아비규환 상태와 마찬가지였다. 움직이지 않은 차 속에서 애간장이 타는 심정으로 간신이 올림픽 대로를 빠져나온 것은 3시간 뒤인 저녁 7시가 넘어서였다. 겨우 강변도로로 나오긴 했지만, 여기서도 사정은 마찬가지. 자동차들은 움직일 생각을 하지 않았다. 시내의 어느 도로 할 것 없이 자동차로 주차장을 이루고 있었다.

출발 2시간 전에 있는 브리핑 시간은 벌써 지났다. 지금이야 핸드폰으로 연락을 하면 되겠지만 이 당시에는 공중전화 말고는 연락할 길이 없었던 시대다. 조금이라도 빨리 회사로 연락해야 한다는 생각에 속을 태웠지만 연락할 방법이 없었다. 그렇다고 차를 세워두고 떠날 수도 없어 속수무책이었다. 5M 정도 움직였다 싶으면 10분 정체가 되다 보니 1시간이 영원과도 같이 긴 시간으로 느껴졌다.

겨우 영등포 근방에 도착해서 차를 세우고 회사로 연락할 수가 있었다. 이때 시간이 비행기가 출발하고도 30분이 지난 밤 10시 20분. 전화를 받은 스케줄 담당은 태연하게 오늘의 이런 사정을 알았던지, 집으로 돌아가라고 했다. 대신 내일 새로 할당받은 오전 8시 출발 국내선 비행을 준비하라고 했다.

다시 차를 돌려 집에 도착한 것은 새벽 1시 30분. 집에서 출발한 지 9시간 반이 지난 시간이었다. 비행기가 현지에 도착하고도 남을 시간에 집으로 돌아왔지만, 비행 근무보다 피로가 더 심하게 느껴졌다. 한여름 밤에 꿈을 꾸는 듯 잠깐 잠이 들었다 싶었는데 귓전을 때리며 울려대는 알람에 시계를 보니 새벽 4시. 새벽 근무를 위해 그는 5시에 다시 집을 나서야 했다.

팔라우 공항에서

말레이시아 항공 소속 MH370기가 실종되기 하루 전 '무주(無主) 수화물'을 실은 대한항공 항공기가 인천 공항에 착륙한 것이 확인됐다. 문제는 폭탄 등 위험물이 있을지 모르는 무주 수화물과 함께 약 4시간 30분간 위험천만한 비행이었다.

2014년 3월 7일 새벽 3시 25분 KE***편 B737 비행기는 팔라우 코로르 공항을 이륙했다. 평상시와 다름없는 이륙이었지만 이 편 탑승객 2명이 빠졌다. 문제는 이들이 부친 짐이 화물칸에 실린 채로 항공기가 이륙했다는 점이다. 항상 탑승 때 항공사는 탑승 게이트에서 승객의 탑승권을 확인하며 인원을 파악한다. 탑승객과 이들이 맡긴 수화물 수가 일치하면 이륙한다. 주인 없는 수화물의 경우 테러나 각종 위험 상황을 초래할 수 있는 위험물이 들어있을 수도 있어, 공항에 내려놓고 이륙하는 게 절차다. 만약 위험물이 실렸을 가능성이 조금이라도 있다면 회항을 결정하기도 한다.

사무장은 이륙 후 코로르 공항에 승객 2명의 미탑승을 알고 무선 교신을 통해 알렸다. 공항 관계자와 D항공 직원들은 신원 미상의 탑승객 2명을 찾아 나섰다. 이들은 탑승 게이트 앞에서 발견되었다. 이들의 신분과 여행목적, 미탑승 이유 등에 대한 조사가 이어졌다. 이들은 만취해 탑승구 근방 구석진 의자에 자다가 항공편을 놓친 일본 승객이었다. 이 같은 과정이 지속하는 동안 기장은 180명에 가까운 승객을 태운 채 4시간 30분의 비행을 계속했다. 무주 수화물의 정체가 밝혀지지 않았음에도 승객 안전에 영향을 주지 않는다고 판단한 셈이다.

국토교통부는 이와 관련한 안전 점검 회의를 했다. 국토부는 코로르 공항 탑승 인원을 파악할 수 있는 전자 장비를 갖춰 줄 것을 촉구하는 등 제도적 방지책 마련에 나섰다. D항공도 내부 징계와 함께 예방책 마련에 나섰다. 다만 말레이시아 항공 소속 항공편 실종 사고 등 각종 항공사고가 이어지는 가운데 무주 수화물 탑재 시 행동 대책에 대한 명확한 규정이 필요하다는 의견이 제기되었다. 항공업계 관계자는 "원칙적으로 회항해 해당 짐을 내리는 것이 맞는데, 해당 항공기 기장은 승객의 신원이 파악되었다고 해서 안전상에 무리가 없다고 판단한 것으로 보인다."라고 말했다. 이 일로 공항 지점장과 사무장 그리고 기장 모두가 징계 받는 사건이 된 경우다.

내 딸 시집 보내주

비행기 타는 승무원들이 일반 직장인과 다른 점이 있다면 할당받은 비행 스케줄에 따라 출퇴근하다 보니 출근 시간이 일정하지 않다는 점이다. 승무원들은 자기의 비행 스케줄을 한 달 전에 할당받는다. 이날이 월급을 받는 날과 겹쳐 있다 보니, 직장인이 월급 액수에 관한 관심보다 이것에 더 관심이 있는 사람이 승무원이다. 이 스케줄이 어떻게 잘 나오는가에 따라 한 달의 기분이 좌우되기도 한다. 가는 목적지에 따라 기내 서비스 외에 승객 입국 서류라던가 그 나라에 제출할 서류 등등 부가적으로 해야 할 업무가 많은 노선은 승무원들이 가기 싫어하는 노선이다.

그리고 승무원은 시간관념이 일반 정시 출근 퇴근하는 직장인보다 없는 편이다. 시간 가는 줄을 모른다. 흔히 하는 말로 태평양을 걸어서 갔다 오면 일주일, 시베리아 횡단하면 또 일주일, 그러면 3주차는 월급날이며 다음 달 스케줄이다. 직장인이라면 누구나 기다리는 날은 봉급날이다. 그러나 승무원들에게는 여기에 스케줄 받는 날이 하루 사이로 있다 보니 이 두 날짜는 잘 아는데 요일은 모른다. 이렇게 스케줄 몇 개만 모으면 여름이 지난다. 다람쥐 쳇바퀴 돌 듯하는 비행 간 어느 해외에서 들리는 크리스마스 캐럴을 들으면 또 한 해가 지나간다.

승무원들은 이렇게 세월을 빠르게 보내기 때문인지 대체로 일반 직장인과 비교해 결혼도 늦은 편이다. 그래서 승무원 사회에는 노총각 노처녀가 많은 것도 사실이다. 이렇듯 세월을 빠르게 사는 탓인지 결혼 같은 현실 인식이 늦은 사람들이 많이 모인 곳인데, 마치 비행기와 결혼하였기 때문인지 역마살을 끊고 가정을 이루는 일에는 서툰 것 같다. 여기에 관계된 일화 하나를 소개하려고 한다.

1992년 초가을, 하와이에서 서울로 들어오는 비행기에서다. 손님들의 탑승이 시작되자 승무원에게는 가장 바쁜 시간 중의 하나다. 이때 한 손님이 내게 사무장이냐고 물었다. 나는 일반적으로 무슨 부탁을 하려나 보다 하는 생각에 말해 보라고 했다. 저의 어머니와 비슷하게 보이는 이 승객은 꼭 사무장을 만나야 한다고 말했다. 그래서 사무장에게 이 승객을 데리고 갔다.

사무장을 만나자 손을 끌다시피 하면서 게이트 밖으로 데리고 나가더니 첫 마디가,

"나는 여승무원 **의 애민데유. 사무장님께서 우리 딸 시집 좀 보내주시유. 도대체가 이 애미 말은 듣지를 않아유. 사무장님은 우리 딸의 상사니께 사무장님의 말은 들을 것 아니유. 사무장님이 총각이라면 사무장님이라도 좋아유. 꼭! 부탁이니께 이 늙은이 소원 좀 들어줘유."

이런 하소연을 하는 이 승객 눈에는 눈물이 글썽했다.

"이 여행도 딸년이 내게 효도한답시고 보내준 건데 하나도 반갑지가 않아유. 더 늦기 전에 시집만 가주면 한이 없시유."

몰래한 결혼

남승무원의 경우 결혼을 하면 5일의 휴가가 나온다. 그러나 여승무원에게 결혼은 사직이라는 말과 같았던 시절이 있었다. 설사 몰래 결혼한다손 치더라도 출산할 때는 결국 사표를 내야 했다. 노사 협상에서 여승무원에게 이 출산휴가가 인정된 것이 30년 전인 1990년이다. 이 전에는 회사에 결혼한다는 사실이 알려지면 바로 사직 통보가 날아왔다. 이런 실정이다 보니, 결혼해서 맞벌이해야 하는 여승무원들은 편법이지만 회사에 알리지 않고 결혼하는 사람들이 늘어나고 있었다.

이런 몰래 결혼하기 위해서는 휴가를 받아야 하는데 여기가 문제였다. 하루나 이틀은 장거리 비행을 갔다 오면 이틀은 보장되지만, 결혼에 필요한 5일 정도의 장기휴가를 내는 것 자체가 쉬운 일이 아니었다.

특히 11월부터 3월까지 결혼 철이면 30세 이전의 여승무원들이 한 꺼번에 사직을 해버려 이때가 되면 갑자기 승무원 인력이 모자라 난리를 친다. 이 때문에 불가피한 사정이 있는 사람 말고 휴가를 받기가 힘들다. 이런 실정이다 보니 휴가를 받아야 하는 불가피한 사정을 만들거나, 아니면 온갖 연줄을 동원해서 휴가를 먼저 받아야 결혼할 수 있다.

위의 방법이 자신이 없을 때는 병가(병 치료를 위한 휴가)를 낸다. 승무원에게 병가나 공상 처리에 가장 쉬운 병이 허리 염좌다. 사실 비행 근무 중에 서서 일하는 시간이 많고 체력이 약한 승무원에게 가장 많이 다치는 부위다. 염좌와 요통은 의사 진단서만 제출하면 바로 스케줄에서 빠지기 때문에, 이 허점을 결혼하고도 이 직업을 유지하려는 여승무원이 가장 쉽게 동원하는 방법이었다.

그러나 이 방법이 항상 성공하는 것은 아니었다. 열 사람 가운데 한 사람씩은 꼬리가 잡혀 사표를 내야 했다.

K 여승무원이 결혼할 남자 친구와 제주도에 놀러 가기로 약속했다. 전 달에 낸 휴가가 반영되지 않고 스케줄이 나오자 일정이 급하게 된 그녀는 회사에 요통이라는 의사 소견서로 병가 신청해 3일 동안 병휴를 받는 데 성공했다.

부모에게는 이런 사실을 숨긴 체 회사에서 휴가를 받아 친구들과 제주도로 놀러 간다며 떠났다. 제주에 도착할 때까지는 모든 일이 순조롭게 진행되어 나갔다. 병가자 중에 가짜 환자가 가끔 적발되자 이런 사실을 알게 된 승무원 인력과 스케줄을 담당하는 부서에서 병가자들에 대해 치료를 정말로 받고 있는가를 집으로 확인 전화했다. 이런 사실을 알 턱이 없는 이 승무원의 어머니는 친구와 제주도로 놀러 가고 집에 없다고 말해버렸다. 휴가를 즐기고 있는 동안 집에서 문제가 터진 줄도 몰랐던 이 여승무원은 이 사건으로 처벌받았고 이 사건으로 병가자에 대한 관리가 더욱 엄격해졌다.

휴가를 즐기기 위해서가 아니라 결혼하기 위해 병가를 낸 사실이 회사에 알려진 일도 있었다. 모든 계획이 잘 되어 일주일간의 병가를 받는 데는 성공했다. 그리고 가족들에게 회사에서 확인 전화가 오면 어떻게 대답해야 하는지 까지도 완벽하게 각본을 만들어 놓고, 드디어 가족과 친척들의 축복 속에서 결혼식을 치렀다.

신혼여행지는 제주도. 결혼이 알려질까 싶어 제주로 가기는 싫었지만 어쩔 수가 없었다. 달콤한 꿈으로 한껏 부푼 결혼이었지만 마음 한구석에는 편하지 않았다. 그래서 비행기 탈 때도 아는 사람에 들키지 않게 주변을 경계했고 승무원에 들킬까 싶어 연예인처럼 선글라스와 모자까지 쓰고 탑승했다. 탑승하면서 살펴본 기내는 사무장 이외는 아는 승무원은 아무도 없는 듯해 안도의 한숨을 쉬며 긴장했던 마음의 고삐를 풀었다.

음료 서비스가 시작되었다. 긴장과 갈증을 달래기 위해 물 한 잔을 집기 위해 고개를 들었다. 눈길이 마주친 승무원은 친하게 지내는 입사동기. 며칠 전에 회사에서 만나 수다 떨었던 동기가 결혼한 신부로 앉아있기 때문이다. 한마디 언질도 없이 결혼한 것은 야속했지만, 이 당시는 공공연한 비밀임을 아는지라 비밀을 지킬 것을 굳게 약속했다. 그러나 이 비밀 협상은 어디서 잘못되었는지 회사에 알려지고 말았다. 아마 그 동기가 다른 누구한테도 똑같이 비밀을 약속하고 한 말이 돌고 돌아 회사로 흘러 들어간 것이다. 이렇게 비밀이 탄로 나 좋아하는 유니폼을 벗어야 했던 비극적 시절의 한 스토리다. 이때는.

승무원 속어

세상에는 참으로 다양한 직업이 있다. 그런 직업에 종사하는 사람들은 각자 고유의 말을 가지고 있다. 비록 사전적인 의미는 같다고 할지라도 직업에 따라 실제의 의미나 뉘앙스가 다른 것이다. 비행기를 타는 승무원도 예외가 아니어서 다른 사람들이 모르는 그들만의 말이 있다.

부따: 부산을 왕복으로 두 번 갔다 오는 비행(Pusan Double을 줄인 말).

부제부제: 부산에서 제주로 두 번 왕복하는 비행. 이와 반대로 하는 비행은 '제부제부'

남도유람 또는 뺑뺑이: 지금은 이런 스케줄이 없지만 하루 동안 김포서 부산 도착하면 부산서 제주로 간다. 다시 제주에서 대구로 가서는 다시 제주로 와 제주에서 하룻밤을 보낸다(Layover). 다음 날 광주를 거쳐 김포로 올라오는 비행 스케줄.

똥파리: 서울서 파리까지 비행하면 호텔로 가서 쉬어야 하는데, 파리 공항서 외국 비행기를 타고 프랑크푸르트나 런던으로 이동하는 스케줄이 있다. 그곳에서 하루를 보내고 다음 날 서울로 오는 일정. 승무원이 언제든 가고 싶은 파리에 와서 구경 한번 못 하고 돌아가는 신입 승무원의 푸념.

철가방: 남승무원이 기내에서 실제 권총을 휴대하던 시절이 있었다. 당시 권총을 넣어 다니던 알루미늄 가방이 중국집 짜장면 배달통과 비슷한 것에 비아냥거린 말.

방콕: 여행 가서 식사 외에는 아무 일도 하지 않고 '방'에만 '콕' 있다 돌아올 때를 말하는 이 말. 여행이 대중화된 지금은 일반인도 익숙한 말이지만, 이 말은 30년 훨씬 전에 승무원들이 많이 사용했던 속어다. 요즘은 'Room Tour'라고도 한다.

깍두기: 시작하는 비행은 같이했다가, 다음 비행은 사정에 따라 떨어져야 하는 스케줄. 이렇게 쪼개지는 것을 깍두기에 비유.

외인구단: 장거리 국제선은 대부분 팀을 구성해서 비행한다. 어쩔 수 없이 팀원은 몇 명 없고 용병처럼 여러 팀에서 조인되어 구성된 비행.

항공성 치매: 증상1 – 함께 비행 갔다 와서 사복으로 갈아입고 나오며 엘리베이터 앞에서 다시 만났다. "너 어디 갔다 왔니?"(띠우웅~) 증상2 – 입사 동기를 만났다. 조금 전 비행했던 팀장 이름을 묻는데 생각이 나지 않는다.

산토끼: 여행 자유화 이전, 호텔까지는 같이 투숙하고는 아메리칸드림을 찾아 도망가고 돌아오는 비행에 돌아오지 않은 승무원.

마루타: 지금은 노사 협약으로 없어졌지만, 국내선에서 하루에 7번을 비행할 때가 있었던 90년대 초. 당시에 힘들어서 했던 말. 비슷한 말로 '철인 삼종'이라고도 했다.

메뚜기 또는 파출부: 비행기 좌석 등급은 퍼스트, 비지니스, 이코노미석으로 나뉘어 있다. 승무원도 직급에 따라 각 클래스에 근무 할당받는다. 일등석이나 이등석 예약 승객이 No Show(예약부도)가 생겼을 때, 이들 승무원은 다른 클래스 가서 근무한다. 이것을 메뚜기가 먹이를 찾아다니듯, 또는 일할 곳을 찾아다니는 파출부처럼 편할 날이 없다는 자조 섞인 말.

신고식: 입사하고 처음 국제선을 비행하는 신입 승무원이 목적지 숙소로 이동하는 버스서 하는 노래나 장기.

증명사진: 유명 관광지에 갔다는 사실을 증명하기 위해서 찍어오는 사진. 반듯이 얼굴이 찍혀 있어야 유효하다.

깨지다: 안개나 악천후 등으로 인해 운항이 취소되는 것.

날밤 까다: 출발 공항에서 자정 가까운 시간에 출발해서 밤을 새우고 아침 시간에 서울에 도착하는 비행.

S.H.R: 운송 부서 용어로 Special Handling Request로 약자로 승객의 요청사항, 즉 휠체어나 아기 바구니, 혹은 특별식 등의 요청 사항이 기내서 승무원이 잘 서비스할 수 있게 하는 서류이다. 그러나 승무원끼리 하는 이 말의 의미는 성희롱(Sexual Harressment)이란 뜻.

M.P: Million Premium 약어로 50만 마일 이상 탑승한 우대 승객을 말함. 그래서 승무원도 비행 중 긴장하며 약간 특별대우를 하기도 함. 이들 승객 중에 상습적으로 승무원의 이런저런 약점을 잡거나 마치 자기 회사 부하를 대하듯 막 대하는 승객은 MP(Mental Problem)으로 부름.

1 비행기가 후진할 수 없는 이유

입사한 지 얼마 되지 않았을 때였다. 나보다 시니어인 여승무원이 나를 놀려볼 셈으로 질문을 던졌다. "비행기가 후진할 수 없는 이유를 아세요?"

나는 엔진 역분사(Reverse: 엔진을 거꾸로 돌리는 것이 아니라, 공기의 흐름을 막아 다른 방향으로 흐르게 해서 비행기의 브레이크 역할을 하는 기능)를 설명하며 후진이 이론으로 가능하지만, 위험 요인이 많아 못한다고 했다. 그 여승무원은 아니라며 고개를 흔들며,

"그건요. 비행기에는 백미러가 없기 때문인거 몰라요." (ㅎㅎㅎ)

2. 기브 미 와루(Give me water)

서울발 LA행 비행기의 식사 서비스. 한 손님이 승무원 호출 버튼을

눌렀다. 신입 여승무원이 응대하러 갔다. 한국인으로 보이는 중년 여성이었고 옆자리에 미국인으로 보이는 남자가 앉아있었다.

"필요하신 것 있습니까?" 대답이 없자 다시 말해도 전혀 알아듣지 못하는 눈치라 영어로,

"Can I help you, Ma'am?" "Give me WARU."

처음 듣는 말이라, "Pardon me?" 라고 하자, "Give me WARU.".

그녀는 귀를 세우고 손님 쪽으로 얼굴을 내밀며, "Sorry, Please once more."

이 손님의 화난 목소리, "You!, ears open 해. 물 달라고!!"

물을 갖다주고 와서 동료에게 하는 말, "미국 살아도 한국말로 하지."

3. 국내선은 고기 실리지 않아요.

OJT 승무원이 두 번째 비행 날. 국내선에도 김포 제주 부산 노선에는 일본 승객이 많이 탑승할 때다. 이들은 일본과 한국 승객의 구별이 아직은 잘되지 않는다. 그렇다 보니, 국내선에서 음료 서비스할 때 이들에게 먼저 한국어로 음료 주문받는다.

"음료수 뭘 드시겠습니까?"

"고히" 처음 듣는 말이라 그녀는,

"뭐라고 하셨죠?"

"고히!" 이 말을 고기로 해석해버린 그녀는 이 승객이 국제선서 제공되는 식사를 원하는 것으로 짐작하고, "국내선에는 고기 실리지 않아요."

옆에 앉아있던 승객이,

"이분은 일본 사람이고, 커피 달라고 하잖아요."(OMG, OJT!)

4. 내 가발

1994년 여성들에 불었던 유행이었다면 쇼트 머리와 패션 가발이었다. 비행기 출입문이 닫히면, 먼저 환영 인사와 방송 그리고 Demo(비상 상황에 대비한 구명 장비에 대한 설명과 그 착용법 시범)이다. 비디오 장비가 설치되지 않은 비행기라 승무원들이 시연해야 한다. 방송문 내용은 대강 이렇다.

"(중략) 구명복은 좌석 밑에 있으며, 먼저 머리 위에서 입으시고…"

이 부분 시연을 위해 구명복을 머리 위로 넣고 밑으로 내렸다. 그런데 머리에 구명복 끈이 걸려 쓰고 있던 가발이 벗겨져 버린 것이다.

백화점에 있는 마네킹에서나 보았던 모습, 가발을 쓰기 위해 머리핀으로 집어놓은 맨머리가 적나라하게 노출되었다. 처음에는 승객들도 예상치 못한 상황이라 당황하고 있다 순식간에 웃음바다로 변했다. 시연 중에 가발을 주워 도망치듯 그 자리를 떠났다.

5. 몇 번이나 해봤어?

우리나라 말에 주어나 목적어를 빼고 동사만 말하다 보면 오해할 수 있는 말이 있다.

여승무원이 친한 동기와 대기실서 만났을 때 나누는 대화다.

"너 어디 가니?"

"국내선 뺑뺑이. 너는 어디 가는데?"

"남도 유람. 누구하고 가는데?"

"A 사무장님."

"그 사람하고 해봤어?"

"아니, 처음이야. 왜, 너는 해봤어?"

"그분하고 많이 해 봤지."

"많이 해 봤다고! 어때?"

"다 좋아."

6. 오다(來)와 오더(order)

식사 서비스 시간이 손님의 요구와 주문이 가장 많은 시간이다. 승객의 주문에 Galley로 칫솔을 가지러 가다 다른 승객한테는 주스를 주문받았다. 갤리로 와서 주스를 따르고 있었다. 이 모습을 보고 있던 선배 승무원이,

"너, Order 받았니?"

"아뇨, 가다 받았어요." (동문서답?)

7. Are you Charlie?

승무원과 운송직원이 좌석번호의 알파벳을 말할 때 부르는 말이 서로 다르다. 운송직원은 A를 알파, B를 부라보, C를 챠리, D를 델타…라고 말한다.

탑승이 끝나갈 무렵 운송직원이 출입구에 와서 한 여승무원에게,

"43챠리에 손님 있는지 봐주세요."

43번 열에 간 그녀는 '챨리'라는 사람을 찾는 줄 알고 외국인으로 보이는 승객에게,

"Are you Charlie?"

"Are you Charlie?" (No Body Answer)

8. 한식과 양식

제주서 Layover(자고 오는 비행)를 마치고 아침에 근무를 위해 공항으로 가는 버스서 나누는 대화.

"식사 안 했어? 식당에는 안 보이던데."

"저 양식 먹었어요." "양식을 좋아하는가 봐."

"네, 그런데 언니, 요즘 갑자기 체중이 늘어서 고민이에요."

"그야 우린 한 끼 먹는데, 너는 두 끼 먹으니 그렇지."

"언니, 아니에요. 저도 늘 한 끼밖에 안 먹어요."

"양식 먹었다며?"

"예." "거봐. 나는 한식 먹었는데 너는 양식을 먹으니 살찌지."

"?!"

9. 너구리라면

입사 6개월쯤 된 여승무원이 미국 댈러스 포츠워드 공항에 도착했다. 어느 나라나 도착하면 거쳐야 하는 관문이 출입국 사열과 세관이다. 부친 짐을 찾아 세관 통과를 할 즈음에 세관 직원이 '신고할 물건이 있는지'를 물었다. 'Nothing to Declare'라고 하자 짐 검사 부스로 가라고 했다. 승무원은 여간해서 체크 하지는 않고 가끔 한두 명을 무작위로 검사하곤 한다.

그녀의 가방을 열자 N사의 대표 브랜드인 너구리 컵라면이 나왔다. 경험 있는 승무원이라면 세관신고서에 'Instnat Noodle'이라 기재를 하면 아무런 문제가 되지 않는다. 세관 직원이 이게 무엇인지 물었다. 너구리 라면을 설명하려 하니 너구리라는 단어가 생각이 나지 않았다. 대답은 해야 하는 강박감에 설명한다는 게 그만,

"Noodle with a kind of Cat" 놀라는 듯한 세관원 왈,

"What! Boiled a Cat"

당황한 그녀는 가방에서 종이와 볼펜을 꺼내 너구리를 자세하게 그렸다. 그림을 너무 잘 그렸는지 세관원은 웃으며 알았다는 듯이 가라고 했다. 호텔 버스에서 이런 사실도 모르는 채 30분 가까이 기다린 사무장이 자초지종을 따지듯 물었다.

이 모든 상황을 설명한 후 세관 앞에서 그린 너구리 그림을 전 승무원에게 보여 주었다. 순간 버스 안은 웃음바다가 되고 말았다.

걸물 삼총사

회사나 단체에 오래 근무하다 보면 마치 전설처럼 전해서 오는 사람이 있다. 승무원 사회에서도 선배들과 술자리서나 사석에서 이런 사람들을 주인공으로 이야기하며 추억에 잠기곤 한다. 그중에 세 사람에 대해 말해 볼까 한다.

첫째, 바커스 후예들

흔히 술 잘 마시는 사람을 '말 술'이라고 한다. 이 말은 우리의 전통 주인 막걸리가 대중적인 술일 때 쓰인 말인데 이 말은 술이 아주 세다는 뜻임을 다 아는 사실이다.

술 한 말의 양이란, 막걸리 1되 1.8 리터가 10개 모인 양을 말한다. 맥주로 환산하면 18,000cc 양이며 500cc 잔으로 36잔의 양이다.

입사한 지 3년 차인 1989년 여름. 캐나다의 서부 관문인 밴쿠버를 거쳐 토론토까지 가는 스케줄이었다. 정식 취항이 된 지 얼마 되지 않았을 때라 주 2편 토요일과 수요일에만 출발하는 비행이라 일정이 9박 10일의 긴 여정이었다.

우리가 묵는 밴쿠버 호텔 창문을 열면 Coal Harbour의 푸른 바다와 그 너머는 하늘에서 커튼이 내려온 듯이 버티고 있는 산이 해발 1,200m의 Grouse Mountain이다. 6월임에도 불구하고 정상에는 아직도 눈이 간간이 남아 있었다.

모든 승무원이 처음 도착한 도시라 설렘과 멋진 풍경을 바라보며 한 잔 두 잔 마시기 시작한 술이 시간 가는 줄을 모르고 마셨다. 남자 세 명이 오후 두 시부터 마시기 시작한 술이 새벽 두 시까지 이어졌다.

다음 날 오후 늦게 해장하자고 걸려 온 전화 소리에 일어나니 방안 벽을 따라 줄지어 있는 맥주 캔들이 병정처럼 서 있었다. 헤아려보니 158캔. 이것을 계산해보니 360*158=약 58,000CC. 생맥주로 132잔의 양이다.

호텔 방 출입구에서 맞은 편 구석을 돌아서 다시 제 위치에 오고도 남았다. 침대만 없었다면 방을 한 바퀴 돌았을 것이다. 이 자리를 마련한 K사무장은 승무원 그 누구도 그가 술 취해 말이 꼬이거나 비틀거리는 모습을 본 적이 없는 주신으로 전설처럼 전해오는 사람이다.

둘째, 내 사전에는 승객 불만(Complaint)이란 없다.

기내 서비스를 하면서 손님으로부터 서비스를 잘했다고 공중 받은 것이라면 손님들이 회사로 보내온 칭송 편지다. 이것을 받았을 때 승무원들은 근무하는 보람을 느낀다.

이와는 반대로 서비스를 잘하고도 욕먹는 경우다. 비행 근무를 끝마치고 어느 손님으로부터 날아온 V.O.C(불만의 편지)를 받았을 때는 기운이 빠지고 이 직업에 대해 깊은 회의를 느낀다.

비행 중에 일어난 승객들의 이런저런 불만을 백 퍼센트 잘 해결해내는 해결사 같은 사무장이 있었다. 승무원들은 그 사무장을 NO 컴플레인 사무장으로 불렀다.

1990년 L.A에서 서울로 오는 비행기에서다. 특히 이 노선에는 아메리칸 드림을 이룬 성공한 교포들이 한국을 깔보던 시대라 이들의 위세는 대단했다. 그래서 이 노선은 불만 서신이 가장 많이 들어오는 곳이라 승무원이 정신적으로 힘들어 가기를 꺼리는 노선이었다.

이날 비행에서 문제의 발단은 면세품 판매였다. 미국 교포에 아주 인기가 있는 담배가 있었는데 브랜드가 '88'이었다. 인기 품목이다 보니 금방 품절이 되곤 했다. 이코노미석에 있던 한 승객이 이 담배를 사려고 하자 담당 승무원이 재고가 없음을 설명했다. 그러자 어떻게던 구해오라는 명령조의 말만 되풀이했다.

담당 승무원이 기내 판매가 앞쪽을 먼저 하다 보니 이렇게 되었다는 설명을 해도 이해할 수가 없다며 목소리를 높이며 막무가내로 가져오라고만 했다.

이 보고를 받은 부사무장이 가서 사과하며 똑같은 상황을 설명했다. 마지막 해결책으로 김포 공항에 도착하면 구해 주겠다고까지 제안도

했으나 아무런 소용이 없었다. 결국, 그는 화를 내며 어떤 사과도 거절한 채 사무장을 불렀다.

부사무장에 이 상황을 보고 받은 L사무장이 구원 투수로 나서게 되었다. 사무장이 가자 목소리를 높이며 서비스가 형편없다는 것부터 승무원들 말과 표정이 수준 이하라 지적했다. 이런 모든 것은 사무장의 능력과 관리 책임 때문이라며 회사에 불만을 제기하겠다고 했다.

여기서는 문제가 해결되지 않을 것으로 판단한 사무장은 이 승객을 승객이 없었던 일등석 맨 뒷좌석으로 데리고 갔다. 이 승객을 설득하면서 이 두 사람은 일등석의 코냑인 'Remy Martin XO' 한 병을 다 비웠다. 그리고 내릴 때 사무장이 이 승객을 형님이라 부르자 L.A 오면 연락하라는 말을 남기고 출입문을 빠져나갔다.

기내에서 서비스하며 벌어지는 여러 가지 승객 불만을 L사무장은 항상 흑기사처럼 해결해주니, 1년마다 바뀌는 팀에 승무원들은 L사무장과 같은 팀이 되기를 많이 기대했다.

음주 측정해야 출근 확인되었던 2020년의 잣대로 보면, 말도 안 되고 기가 막히는 일이지만 30년도 더 지난 그때는 가능했던 일이다.

셋째, 면세품 판매왕

내게는 한참이나 선배였던 Y씨인 이분을 소개하려니 조금은 망설여진다. 이분은 1987년 11월 27일 마유미 사건으로 잘 알고 있는 북한 공작원에 의한 미얀마 상공서 폭파된 KE858기 사고로 유명을 달리한 사람이기 때문이다.

객관적으로 보면 이분만큼 비행 생활을 즐겁게 하는 승무원을 본 적이 없었다. 군대 말로 체질인 사람이다. 서비스에 불만 있어 화가 난 승객도 이분의 입심에 웃지 않을 수 없을 만큼 재치와 유머가 넘치는 승무원이었다.

남승무원들이 싫어하는 듀티가 있다면 면세품 판매다. 지금은 서열 순에 따라 여승무원도 하지만 그 당시는 남승무원이 도맡아 하는 업무였고, 편성된 팀에서 기내식을 제일 적게 먹은 승무원이 맡아 했다. 판매 후 부족액 없이 되면 괜찮지만, 바쁘게 판매하다 계산을 잘못해서 부족액(Shortage)이 발생하면 이 승무원이 죄인처럼 스트레스를 많이 받기 때문에 이 듀티를 빨리 벗어나고 싶어 했다.

이 일을 승무원 누구도 따라갈 수가 없을 만큼 빠르고 잘했기 때문에 '기내 판매 도사'라는 별명을 받았던 사람이 Y선배다.

얼마나 계산이 빠른가 하면 손님들이 구매하려는 물건을 Tray Table

에 올려놓으면 바로 계산이 나올 정도로 빨랐다. 지금은 면세품 수가 100개가 넘지만, 이 당시는 50개 내외였다. 그가 이렇게 계산이 빠른 이유는 본인이 기내 판매 듀티도 아님에도 각 품목의 원화, 달러 그리고 엔화 가격 까지 다 외우고 있었기 때문이었다.

돈이 오가는 면세품 판매는 신경이 예민해져 있어 대부분 승무원 표정이 굳어져 있지만 이런 와중에도 손님과 농담해가며 손님들을 웃게 만드는 모습에 놀랄 뿐이다. 또, 손님이 선물로 무엇을 살 것인지 고민하면 추천과 더불어 설명을 유창하게 해 사지 않을 수 없다.

이런 천재적인 재능의 결과로 매달 말에 수상하는 면세품 판매왕 명단에 그의 이름은 가장 자주 올라오는 이름이었다.

승무원 인기 귀국 선물

1987년 입사해서 미국에 가니 선배들이 쵸이스 커피가 선물로 좋다고 해서 가족과 친지에게 선물을 주니 엄청나게 좋아했다. 당시 비교적 자주 갔던 홍콩을 가면 우황청심환과 녹용을 많이 사 왔다. 이것들은 한국과 가격 차이가 크게 나 주위에서 부탁도 많았던 품목이었다.

1988년 영국 런던에 취항하며 승무원에게 제복처럼 B사 코트 하나는 가지고 있었을 정도로 유행이었고, 여승무원들은 이곳 유명 도자기 브랜드인 W사와 R사 제품을 결혼 준비로 많이 사 왔다.

1980~90년대, 지금 애플의 아이폰보다 더 히트했던 전자 제품이 Sony 워크맨(카세트테이프 플레이어)은 승무원 누구나 갖고 있었던 아이템이었다. 모델에 따라 시중 가격이 20~30만 원, 지금 가격으로 환산하면 100~150만 원. 승무원은 미국에서 반값인 10만 원 내외로

살 수가 있었다. 90년대는 CD 플레이어가 유행하자 이것도 Must-be 아이템처럼 자리매김했다.

태국 방콕이나 필리핀 마닐라에 가면 바나나 같은 열대 과일을 많이 사 왔다. 이곳에서 1송이에 천 원 정도 가격이 한국서는 대졸 초봉 40만 원 시절에 15,000~20,000원이나 했던 귀족 과일이었다. 요즘과는 비교하면 상전벽해 같은 가격이다.

1992년 4월부터 브라질 상파울루 취항하면서 타히보 차와 아가리쿠스 버섯 같은 건강식품이 인기 품목이었다. 90년대 중반에는 L.A나 하와이 가면 비타민류, 스쿠알렌, 알로에, 로열젤리 그리고 알래스카산 녹용이 인기였다. 또 미국과 캐나다서 이 당시 한국서는 없었던 LA갈비나 소꼬리가 무척 싸 자주 사 왔던 기억이 난다.

2000년도 초, 국민 소득 2만 불 시대에 접어들자 건강과 수명에 관심이 높아지면서 미국서는 관절 보조식품인 글루코사민이, 2005년에는 뉴질랜드의 초록 홍합(GREENSHELL MUSSEL)이 대인기였다. 이것은 15년이 지난 지금도 히트하고 있는 장수 상품이다.

2008년 캄보디아 프놈펜 취항하면서 알려진 이곳의 상황버섯. 특히 말기 암 환자에 좋다고 소문나면서 국내 가격이 1kg에 삼사 백만 원이나 하는 비싼 것을 승무원은 여기서 10달러 내외에 샀다. 그러나 관광객들은 가이드 인솔하는 선물 가게서 30~50만 원에 산다고 했다.

2013년에 유행한 아사이 베리는 눈과 항산화제로 소문나면서 국내서 1kg에 15만 원 하는 가격이 원산지인 브라질서는 30~40불 했다. 브라질 취항 초기 성인병에 좋은 만병통치약으로 소문났던 타이보차

(열대 우림 관목의 껍질)는 현지서 5달러 정도 하는 것이 한국에서는 10만 원이 넘는 가격이었다.

그러니 승무원들이 1년에 한 번 가기 힘든 이곳에 오면 꼭 사 오는 선물이었다. 이런 가격 차이가 크니 세관서도 밀수로 의심하면서 2개 이상이면 무조건 압류 조치했다.

산토끼 토끼야

여행 자유화가 된 해가 1983년이다. 이 이전에는 해외여행을 하려면 여간 힘든 일이 아니었다. 여권 발급이 지금은 각 구청에서 발급해 줄 만큼 편리해졌지만, 이 당시에는 발급에 필요한 서류 자체가 지금과는 비교할 수 없을 정도로 엄청 많았다. 필요한 서류를 발급받기 위해서는 동사무소부터 구청 심지어는 병무청이나 법원을 찾아가서 받아와야 했다.

이 당시 국민 소득이 5천 달러도 되지 않았던 때다. 그러다 보니 해외여행을 할 수 있는 여권을 가지고 있다는 자체가 신분 상승의 증명서와 같았다. 승무원에 대한 사회서 평가하는 직업적인 가치도 이때가 가장 높았던 시절이었다.

또 이때만 해도 생활수준이나 정치적 상황 등의 영향으로 선진국인 미국에 대한 American Dream의 이상향이 한국 사람들 마음에 자리를 잡고 있을 때였다. 승무원에게도 미국은 가장 편수가 많아 자주 가다 보니, 한국보다 월등히 높은 소득 수준임을 여행 다니면서 보면 저절로 비교되고 느껴졌다. 가장 부러웠던 점이라면 값싸고 질 좋은 물건들이 대형 슈퍼마켓이나 백화점에 가면 넘쳐나고 있었고 여기에 가면 쇼핑하느라 시간 가는 줄 몰랐다.

내가 입사한 해가 1987년, 80년대 말이었음에도 미국이라는 나라는 꿈이 아닌 기회의 땅이라는 생각을 가지기에 충분히 잘 살고 화려했던 점은 사실이다. 당시 나도 미국에 와 있는 친척이나 친구가 이민 오라고 부추겼으면 100% 갔을 것이다. 미국이라는 나라는 열심히 노력한 만큼 성공할 수 있는 나라라는 것은, 성공한 이곳 교포들 이야기를 기내에서 많이 들을 기회가 있었던 승무원은 더욱 이런 꿈을 부러워하며 근무했다.

이런 꿈을 좇아 미국에 도착해서 불법으로 도망가는 것을 승무원 속어로 '산토끼'라고 부른다. 이런 일이 90년대 중반까지는 일 년에 한두 건씩 발생하는 연례행사 같았다.

이렇게 하는 이유는 크게 세 가지 정도인 것 같다. 첫째는 유학하러 온 애인을 뒷바라지하기 위해서였고, 둘째는 이민을 가고 싶었으나 정상적인 절차로는 어렵게 되자 아메리칸드림을 안고 먼저 간 친구나 친척의 권유로, 그리고 마지막으로 기내에서 알게 된 현지 교포와 사귀면서 결혼하기 위해서였는데, 이 경우는 감언이설에 속아 넘어간 경우가 대부분이다.

그래서 회사에서는 이런 일을 방지하기 위해 미국에 도착하면, 호텔로 가는 버스 안에서 여권을 수거해 부사무장(Assistant Purser)이 보관하고 있다가 돌아오는 비행기에서 돌려받았다.

중국 국적 항공사들은 최근 까지도 미국에 도착하면 약 30년 전에 우리가 했던 이 모습을 보니 옛 추억의 희미한 그림자를 보는 것 같았다. 이렇게 하면서 산토끼 밀입국은 어느 정도 줄었지만 없어지지는 않았다. 그래도 계속 일어나자, 결국 회사는 극약 처방으로 현지 밤 11시에 부사무장의 인원 점검이 있었고 그 결과를 사무장에 보고하게 했다.

이렇게 회사 규정이 강화된 이후 두 건이 발생했다. 그런데 이때는 모두 남승무원이었다. 두 사람 모두 공통적인 점은 빚에 시달리다 산토끼 한 경우였다. 또 하나 공통점은 두 사람 모두 해외에 나가면 카지노 도박을 좋아했다는 점이다.

이 중에 한 사람을 예로 들면, 뉴욕 호텔에 짐을 놓자마자 바로 Las Vegas와 버금가는 카지노 도시인 뉴저지주 Atlantic시로, 그리고 홍콩에 밤에 도착하면 자고 바로 다음 날 아침 비행인데도 불구하고 마카오를 갔다 와야 했다. 이 당시는 라스베이거스는 취항하기 전이라 L.A에서 이곳까지 차로 약 7시간 거리라 갔다 오기에는 무리였지만, 이틀 머무는 스케줄이면 반드시 갔다 왔다.

이렇게 도박에 빠지다 보니 주위 동료에게 자꾸 돈을 빌리게 되었고, 문제는 빌린 돈을 갚지 않게 되면서 많은 승무원의 입방아에 오르내리게 되자 돈을 빌릴 사람이 거의 없었다. 그의 마지막 비행이었던 뉴욕행 비행기, 호텔에서 다음 팀에 인계해야 할 약 3,000불 정도의 면세품 판매 대금을 갖고 나가서는 서울행 비행기에 영영 돌아오지 않았다. 여러 동료 승무원에게 많은 빚을 남긴 채 카지노행 산토끼가 되고 말았다.

여권 두고 이륙

중국이란 나라는 우리가 보기에도 행정적인 서비스가 우리나라에 비해 아직은 많이 낙후되었다는 느낌이다. 비행기가 지구촌을 단일 생활권으로 묶어주고 있다. 한 나라의 세계화 수준 국민 수준을 비교할 수 있는 곳이 있다면 처음 그 나라와 만나는 공항이다. 여기서 그 나라가 선진국인지 후진국인지를 구별할 수 있는 곳이다. 중국이라는 나라도 이런 관점으로 볼 때 공산국가의 경직성이 그대로 드러난다. 특히 우리 승무원들이 볼 때 행정의 불합리한 점들이 여러 군데에서 보인다. 예를 들면, 중국에 입국하는 승무원 입국 서류와 여권을 모두 회수해서 출입국 직원에게 제출해야 한다. 여권에 출입국 직원의 스탬프를 받은 다음 비행기가 떠날 즈음에 다시 돌려받는다. 어떤 때에는 이것이 제시간에 오지 않아 비행기가 정시에 출발하지 못하는 일도 종종 있다.

1998년 11월. 부산에서 상해행 6861편. 1시간 30분의 비행을 하고 출입문을 열자마자 여권을 당국에 인계했다. 그리고 기내 청소와 급유를 받고는 다시 탑승을 시작했다. 출항에 필요한 서류를 받은 사무장은 출입국 관리로부터 여권을 받는 것도 잊어버리고 출입문을 닫았다. 비행기가 이륙하고 나서야 여권을 받지 않고 이륙했음을 안 사무장은 기장에 이 사실을 통보했다. 그러나 이륙한 비행기를 되돌릴 수도 없는 상황, 이것 때문에 상해 공항으로 회항했다면 사무장은 회사에 손실을 끼쳤기 때문에 문책이 불가피했을 것이다.

기장은 이 사실을 상하이 공항 직원에게 알리고 부산 공항에도 이런 사실에 대한 조치를 요청했다.

지금은 승무원 등록증이 따로 있어 출입하는데 여권이 없어도 입국에 문제가 되지 않지만, 이 당시는 승무원이 여권 없이는 입국할 수 없었다. 여권이 없어 출입국에 문제가 생기면 회사로 통보가 될 것이고 출입국서 벌금이라도 부과하면 사무장은 거기에 버금가는 페널티를 받아야 한다. 만약에 여권을 분실했다면 대사관이나 영사관에서 여권 분실 확인받고 임시 여행 증명서를 만들면 입국할 수 있다.

비행기 도착 전에 이런 사정을 출입국 사무실에 설명한 공항 지점장의 노력으로 다음 날 입국하는 비행기로 여권 사열을 받기로 약속하고 승무원들은 아무런 문제없이 입국할 수 있었다.

이처럼 비행기는 방심하면 항상 이런저런 일이 일어나는 지역이다.

승무원을 찾아라 (노승무원)

1994년 10월 3일은 추석이다. 이때가 되면 귀성 인파로 전국 고속도로와 국도는 차로 북새통을 이룬다. 대부분 사람이 추석 일주일 전에 조상의 묘에 가서 성묘하러 간다. 이때 대도시 근방의 공원묘지로 가는 길은 종일 정체로 곤욕을 치르기도 한다.

추석을 8일 앞둔 9월 25일 일요일. 어제 서울에서 부산행 마지막 비행을 마치고 부산 해운대에 있는 H 호텔서 1박 후 다음 스케줄은 오전 7시 30분 부산발 김포행 비행. 호텔과 공항이 멀어 일어난 시간이 새벽 4시 30분, 호텔서 마련한 공항 가는 버스에 탑승한 시각이 5시 20분, 새벽 시간이면 공항까지는 통상 40분이면 충분하다.

지금은 광안대교와 내외곽 순환도로가 건설되어 이곳으로 다니지만, 이 당시는 이들 도로가 없었다. 승무원 버스가 호텔을 출발해 동래까지는 정상 속도를 내며 달릴 수 있었다. 20여 분을 달려 만덕터널에 도착했다. 이곳에는 편도 2차선 터널 입구에 5줄로 꼬리를 물고 있는 차들로 정체를 빚고 있었다. 서다 가다가 수없이 되풀이하면서 터널을 빠져나왔으나 정체는 여기서도 하염없이 이어졌다. 운전사도 일요일 새벽에 이렇게 정체되는 이유를 모르겠다고 했다.

이 당시 공항으로 가는 길에 대해 잠시 설명해야겠다. 해운대나 동래서는 구포대교를, 그 외 지역은 남해 고속도로로 이어지는 낙동대교나 을숙도로 잘 알려진 낙동강 둑길이 공항으로 가는 길이다. 지금은 왕복 2차선인 구포대교 옆에 6차선 구포대교를 개통했지만, 94년 당시의 구포대교는 병목 현상으로 항상 정체를 이루는 교량이었다.

날은 밝아오고 있지만, 우리가 지나야 할 구포대교는 차량의 홍수에 가려 시야에 들어오지 않았다. 버스가 가다 서다 반복하며 다리 입구에 왔을 때가 07시 30분. 비행기가 출발해야 하는 시간, 기장과 승무원들의 불안감은 극에 달했지만, 어찌할 수가 없는 상황이라 자포자기의 심정이 되었다. 비행기가 지연되어 그 시간이 길어지면 길어질수록 바쁜 승객의 질타와 불만이 커질 것이 불 보듯 뻔해 난감하고 불안한 마음뿐이었다.

다리 안으로 들어왔지만 여기 정체는 더욱 심했다. 이 다리를 진입하려는 차들이 세 줄 네 줄이 한 개 차선에 진입하기 위해 아귀다툼하는 상황이었다. 차들이 거의 움직일 생각을 하지 않았다. 이런 차량에 포로가 되어 애를 태우며 시계를 봤을 때가 08시. 정상대로라면 비행기가 청주 상공은 날고 있을 시간이다.

우리를 찾느라 난리가 난 곳은 김해 공항의 운송직원들. 탑승 방송을 하지도 않았는데 공항에 도착한 승객들은 탑승구 앞에 줄을 지어 서 있었다. 비행기가 게이트에 있고 출발 시간이 넘었는데 탑승하지 않자, 인내에 한계를 넘긴 승객들의 항의가 시작되었다. 곧 탑승할 것이라는 안내방송만 두세 번 흘러나오기만 할 뿐 명확한 지연 설명이 없자 승객들은 더욱 화가 많이 나 있었다.

지금처럼 휴대전화가 없었던 시절이라 이렇게 도로 위에 갇히면 연락할 방법이 없으니 공항 직원도 이런 사실을 알 리가 없었다. 운송직원들은 승무원의 행방을 알아보느라 혈안이 되었다. 호텔에 연락하니 벌써 3시간 전에 출발했다는데 공항에는 나타나지 않으니 직원들은 사고가 났을 것으로 생각했다고 한다.

그런데, 이해할 수 없는 일은 10분 늦게 출발하는 제주행 승무원도 아직 공항에 도착하지 않았다는 보고였다. 직원들은 이렇게 정확한 이유도 모른 채 아침부터 손님들의 불만 폭탄을 받고 있었다.

비행기에 도착한 시간이 출발 1시간 20분이 지연된 8시 50분. 서둘러 탑승을 끝내고 서울로 향했다. 그런데 우리가 수행할 비행편은 원래 할당받은 편수가 아니었다. 오전 7시에 김포 출발 부산행 비행기가 우리보다 50분 먼저 도착하는 바람에 그 승무원들이 불만 가득한 승객들을 싣고 이륙했다.

우리가 받아야 할 비난의 화살을 대신 받고 있을 동료 승무원에게 미안한 마음만 가득 싣고 김포 공항에 도착했다. 즐거워야 할 일요일 아침을 뒤죽박죽 만들어 버린 범인은 김해와 창원에 있는 공원묘지에 성묘 가는 차들 때문이었다. 이날 즐거운 마음으로 조상을 보러가다가 길 위에서 종일 허비했을 사람들은 누구에게 원망의 화살을 쏘며 다녀왔을지가 궁금하다.

총을 찾아 뛰어라

승무원들의 다른 임무(duty)가 하나 더 있다. 그것은 청원경찰의 역할이다. 1993년 3월까지 남자 승무원들은 총을 차고 근무했다. 그러다 보니 이 총 때문에 해프닝도 많이 일어났다. 내가 겪었던 일화 한 가지를 소개하려고 한다.

입사하고 승무원으로 근무한 지 8개월 정도 지난 1988년 2월 *일. 평소처럼 비행기 출발 1시간 30분 전에 브리핑과 보안 임무 듀타라 권총 3정을 수령했다. 기장으로부터 비행 정보를 듣는 합동 브리핑 장소인 현재 김포 공항의 공항공사 빌딩으로 갔다. 그리고 국내선 보안 구역에 들어와서 비행기가 있는 곳을 가기 위해 램프 버스를 탔다. 당시 들고 다니던 총기를 넣는 알루미늄 상자는 중국집의 짜장면 배달통과 크기만 다를 뿐 같은 재질이라 외관이 너무 비슷해 우리도 '짱깨통'이라 불렀다.

오른손에 검은색 플라이트 백을, 왼손에는 이 철가방을 들고 다녀야 하기에 마치 승무원이 아닌 짜장면 배달부 같은 느낌이 들어 이 임무가 너무 싫었던 게 사실이다. 또 이 가방에는 3정의 총기와 수갑, 그리고 포승줄까지 들어있어 무겁기가 보통이 아니다.

비행기가 청사와 멀리 있어 이곳을 연결하는 램프(Ramp, 청사 이외의 주기장) 버스를 탔다. 버스에 오르자마자 무거운 두 개의 가방을 의자 위에 두고 잠시 긴장을 풀었다. 비행기에 올라와 총기를 분배하려고 보니 총기가 있는 가방이 없는 것이다. 정신이 아찔했다. 타고 온 버스를 찾아야겠다는 생각으로 황급히 밖으로 뛰어나갔다. 지나다니는 버스가 없어 램프를 가로질러 뛰었다.

방금 타고 왔던 버스를 찾았으나 벌써 멀리 떠나 눈에 보이지 않았다. 마침 지나가던 버스 기사에 도움을 요청해 워키토키로 확인하니 도착한 비행기의 승객을 실으려고 갔다면서 그쪽으로 나를 태워주었다. 비행기의 승객을 청사로 실어 나르기 위해 대기하고 있는 버스를 찾아냈다. 막무가내로 버스에 올랐다. 내가 놓았던 의자 위에 그대로 놓여 있는 철가방을 보니 모든 근심이 한순간에 사라졌다.

만약 이 짜장면 통을 어떤 승객이 의심 물건으로 알고 공항 경찰대에 신고했다면, 나는 회사의 징계를 피할 수가 없었을 것이다. 지금 생각해도 아찔할 뿐이다.

총을 찾아라. 1막

앞서 말한 것처럼, 남승무원에게 가장 신경 쓰이는 것은 바로 총기 관리 문제였다. 잘못하거나 실수하면 인사기록에 불이익이 크기 때문이다. 승무원 사회를 발칵 뒤집어 놓은 총기 분실이 1990년 3월 *일 발생했다. 이번에는 끝내 총기를 찾지 못해 회사 경영층까지 보고되었고, 결국 당시 탑승했던 객실 승무원과 운항 승무원까지 강서경찰서에 불려가서 조사받기까지 한 사건이다.

이날 비행 일정은 오후 3시 10분에 김포 출발 제주행, 다시 제주발 대구행 그리고 대구에서 밤 9시경에 김포 공항에 도착하는 스케줄이다. 이 당시 국내선에는 기종에 상관없이 3정의 총이 탑재되어 기장과 사무장, 그리고 보안 담당 승무원이 각각 휴대하게 되어있다. 비행기에 탑승하면 제일 먼저 보안 담당 승무원이 하는 일이 기장과 사무장에게 총을 배분한 후 근무한다.

이날 대구발 김포행 마지막 비행은 좌석의 절반도 채우지 않은 쉬운 비행이었다. 승객들이 모두 하기하면 승객들이 두고 내린 물건 점검과 보안 점검을 마친 다음에 승무원도 하기 한다.

조종실 문이 열리고 기장이 나오자, 보안 담당 승무원은 기장에게 이곳 김포 공항에서 주었던 총기를 돌려달라고 했다. 기장의 손은 습관적으로 발목으로 갔다. 그러나 있어야 할 권총은 없었다. 그러자 기장은 가방 속을 찾아보았다. 기장들은 종종 발목에 차는 것이 불편해 이 총을 가방 속에 넣어 놓곤 했다. 이곳에도 없자 기장도 당황하는 기색이었다.

결국 총을 '주었다', '받지 않았다'라는 언쟁으로 넘어갔다. 당시 총을 주고받으면서 사인받아야 하는데 믿다 보니 받지 않곤 했다. 이날도 받지 않아 기장이 끝까지 부인하면 그 잘못은 보안 담당이 책임이다. 이 일은 회사 보안 부서에 보고가 되었고, 이 부서는 총기 관리의 상위 부서인 공항 경찰대로 이 사실을 보고했다. 공항 경찰대서는 관할 구역인 강서경찰서로 문제를 넘겼다. 이렇게 되자 이날 근무했던 모든 승무원은 경찰서로 가서 형사의 조사를 받게 되었다.

여승무원들은 총기와는 아무런 관계가 없었기에 몇 가지 질문만을 받고 귀가했지만, 기장과 사무장과 남승무원은 총기의 행방에 대해 서로 엇갈리는 진술로 반복되는 심문과 진술서를 작성하느라 밤을 새워야 했다. 기장은 Pilot로 오랫동안 근무한 경력과 총을 받은 적이 없다는 일관된 진술이라 다음 날 귀가했다. 결국 책임자인 사무장과 남승무원만 남아 반복되는 심문에 이틀 동안 조사가 계속 이루어졌다.

이틀 후, 총은 엉뚱한 곳에서 발견되었다. 대구 동구에 있는 경찰서에 총기 습득 신고가 들어 왔다. 신고인은 대구에 거주하는 사람이었고, 이 사건이 있었던 날 제주서 가족들과 휴가를 보내고 대구로 돌아오는 비행기 탑승자였다.

탑승 후, 짐을 선반에 놓고 앉는데 초등학생인 두 아들이 장난감 권총을 가지고 놀고 있었다. 장난감을 사다 준 적이 없는 총을 갖고 놀기에 만져보니 진짜 같이 아주 정교하게 잘 만든 장난감 총이라 생각했다. 누군가 놓고 간 물건이라 생각하고 그 장난감을 짐가방에 집어 넣고 집에 왔다. 집에 와서 다시 자세히 살펴보니 탄창도 있는 진짜 권총이었다.

기념으로 갖고 싶다는 생각과 신고해야 한다는 생각이 갈등을 일으켰다고 한다. 또 신고 물건이 총이다 보니 불려 다니며 조사받아야 하는 걱정도 컸다고 한다. 이렇게 이틀을 고심한 끝에 신고하는 것이 옳은 일이라는 결정을 내리고 집 근처 경찰서로 가지고 간 것이다.

제주에서 대구로 출발하기 전, 커피 마시러 나왔던 기장은 발목에 무겁게 차고 있던 총이 불편해 옆 좌석에 잠시 풀어 두었던 사실을 깜빡하고 비행 준비를 위해 조종실로 들어온 것이다.

기장의 실수로 결론 나자, 진술서 작성을 위해 경찰서에 다시 불려 나온 기장은 이틀 동안 고초를 겪고 풀려나는 사무장과 남승무원을 보며 미안해 몸 둘 바를 몰랐다. 이 사건 후 발목에 차던 방법을 형사처럼 권총집이 좌측에 있는 멜빵 식으로 바꾸었다.

총을 찾아라. 2막

1991년 10월 *일, 마닐라 출발 서울행서 1년 만에 또 총기 분실 사건이 발생했다.

이 노선은 승무원이 싫어하는 노선 중에 하나다. 출발이 오전 9시 출발이라 브리핑이 7시다. 회사와 가장 가까운 강서구에 살아도 출근하려면 5시에는 일어나야 한다. 부족한 잠에도 불구하고 4시간 남짓 비행 후에 마닐라에 도착해서도 승무원 교대 없이 바로 이 비행기로 서울로 돌아오는 여정이라 파죽음이 되는 비행이다. 그래서 이 노선은 승무원에게는 소문난 기피 노선이다.

이륙 후, 식사 서비스와 면세품 판매 등 모든 기내 서비스를 마치니 잠시 여유를 즐길 수 있는 시간이었다. 보안 듀티인 L씨는 자연의 부름에 화장실을 찾았다. 화장실 안에서 차고 있던 권총을 풀어서 세면대 옆에 내려놓았다.

화장실에 가면 차고 있던 총을 풀어야 했던 이유를 잠시 설명해야 한다. 작년까지만 해도 권총을 발목에 찼다. 그러다가 대구에서 분실 사고가 난 후부터는 휴대 방법이 형사처럼 어깨걸이로 바뀌었다.

발목에 차는 것보다는 조금 편했지만, 권총 멜빵이 바지 벨트와 연결되어 있어 화장실서 큰일을 볼 때는 벨트에서 풀고 총을 집에서 빼놓는 경우가 많았다. 그리고 오래 차고 있으면 총기 무게로 어깨가 한쪽으로 기울어지는 느낌 때문에 종종 Galley에서도 오래 있을 때는 권총을 권총집에서 잠시 빼놓곤 했다.

이날 사고도 여기서 비롯되었다. 볼일을 끝낸 후, 깜빡하고 세면대 위에 놓았던 권총을 두고 나온 것이다. 이 승무원은 그 일은 까맣게 잊은 채, 잠도 부족하고 정신없이 바쁜 비행이라 승객이 내리자 오직 퇴근할 생각뿐 이었다.

남승무원들이 차고 있던 총기를 회수할 시간, 총이 있어야 할 옆구리가 가볍고 허전함을 이때야 알게 된 L씨.

'아뿔싸! 이게 어디 갔어? 왜 없지?'

정신을 차리고 생각해 보니, 착륙 전에 화장실서 볼일을 보고 벗어놓고 그냥 나와버린 것이 생각났다. 그 화장실로 달려갔으나 총은 어디에도 없었다. 혹시나 해서 전 승무원들이 화장실 주변은 물론 기내를 샅샅이 찾아보았으나 나오지 않았다.

공항 경찰대에 총기 분실신고가 접수되자, 공항은 비상이 걸린 듯 발칵 뒤집혔다. 범죄 무기 중에 가장 강력한 무기인 총이 분실되자, 경찰은 물론 안기부(지금의 국정원)와 군 보안대까지 모든 기관이 비행기로 와서 승무원들에게 원인 규명을 위해 심문하고 있었다.

이 무렵, 뉴욕으로 환승하는 한 필리핀 승객을 세관서 조사 중임이 경찰대로 연락이 왔다. X-Ray 보안 검색 과정에 그의 가방에 발견된 총 때문이라고 했다.

이 승객은 화장실에 갔다가 권총을 발견하고 견물생심에 몰래 미국으로 반입을 시도한 것이다. 이 일은 공항에 상주하는 기자들에게도 알려져 이날 각종 매체의 저녁 뉴스의 가십거리가 되고 말았다.

Shop Lifting

미국 사회를 한마디로 정의한다면 철저한 신용 사회라고 말할 수 있을 것 같다. 미국에서 신용의 상실은 사회에서의 매장과 같다. 우리나라와 달리 은행에 신용만 잘 쌓아놓으면 필요한 돈을 얼마든지 빌릴 수 있는 나라다. 대신 신용 불량자는 사회의 블랙리스트라고 생각하면 된다.

어느 나라나 입국하면 처음 만나게 되는 공무원이 출입국과 세관 직원이다. 특히 미국에 입국하여 이곳을 통과하며 눈여겨보면 자주 오는 각국 승무원에게 어떤 취급을 하느냐에 따라 그 나라의 신용도를 알 수가 있다.

이것을 다른 시각으로 보면 인종차별처럼 느껴질 수 있지만, 한편으로는 이들 사회에 선입견처럼 느끼고 있는 신용의 한 단면이라고 생각하면 틀림없을 것이다.

이런 믿음의 현장이 있다면 사람들이 가장 많이 이용하는 슈퍼마켓이나 대형 상점이다. 30년 전인 1990년대에도 이렇게 넓은 가게에 계산대 이외는 직원을 거의 찾아보기 힘들다. 그만큼 손님을 믿는다는 증거다. 그렇다고 100% 믿는다는 것은 아니다. 믿는 만큼 감시 장치도 만들어 놓았기 때문이다.

우리나라의 경우, 어느 상점에나 가면 직원이 나타나 무엇인가 도와주려고 하고, 특히 백화점에는 부담을 느낄 정도로 따라다니며 친절을 보인다. 이런 광경에 익숙한 한국인이 미국 슈퍼마켓을 갔을 때 어디에도 직원을 볼 수가 없다는 것은 문화적인 충격이었다.

이 당시 미국은 우리나라서는 없었던 CCTV를 설치해 놓고 넓은 가게를 감시하고 있었기 때문에 비싼 인건비를 줄이고 있었다.

이런 쇼핑 문화를 잘 모르는 신입 승무원이 물건을 고르면서 핸드백이나 옷 속에 감추고 나오다 적발되는 경우가 종종 발생했다.

이런 일이 가장 자주 일어났던 곳이 L.A와 앵커리지의 슈퍼마켓, 그리고 하와이 호놀룰루 시내면세점에서였다. 이 당시 미국 슈퍼마켓에 있는 식료품들은 남대문 도깨비시장에서 볼 수 있거나 없는 물건들이었다. 그래서 귀국할 때 가족이나 친구를 위해 인기 아이템들로 가방을 가득 채웠다. 그러다 보니 견물생심도 발동했을 것으로 추측이 된다.

이런 훔치는 행위를 하더라도 계산대에 갈 때까지는 그의 양심을 믿는다. 계산을 다 마치면 '계산할 다른 물건은 없느냐?'며 점원이 다시 한번 묻는다. 이 믿음이 깨지면 대접이 달라진다. CCTV로 전 동선을 감시하고 있던 보안 직원이 와서 감춘 물건을 바로 찾아낸다.

청원 경찰 자격이 있어 그 즉시 수갑이 채워지고 훔친 물건과 녹화된 비디오 자료도 함께 경찰에 인계된다. 경찰에 들어가면 어떤 연락도 할 수 없게 하루를 머무르게 된다. 이렇게 되면 그 승무원의 행방은 같이 간 승무원이 이 광경을 알게 되면 다행이지만, 혼자 갔다면 아무도 행방을 모르게 된다. 그러면 그 팀은 한바탕 소동이 벌어진다. 만약 다음 날 귀국편 비행이 있다면 구속된 상태라 Miss Flight를 할 수밖에 없다.

다음 날 조사와 심문을 마치고 나면 재판 날짜 통지서를 받고 석방된다. 이런 상황이 발생하면 개인적으로 창피하고, 항공사의 생명인 이미지에 먹칠한 일이라 사직했다.

이런 불미스러운 일로 사직했던 전직 여승무원이 하와이 공항에서 곤란한 일을 당한 일이 있었다. 결혼하고 여행지로 하와이 호놀룰루에 신랑과 함께 도착했다. 이들 핑크빛 신혼의 꿈은 출입국 직원의 입국 거부로 입국조차 할 수 없이 바로 서울행 비행기를 타는 신세가 되었다.

옛일은 까맣게 잊고 공항 직원에 이유를 물었다. 그러나 돌아온 말은, 몇 년 전 L.A에서 있었던 절도에 대한 재판을 받지 않아 블랙리스트에 올라가 있다는 설명이었다.

난지도 보물찾기

에^{피소드 1}

비행기 사무장의 과외 업무가 있다면 회사의 중요한 서류나 세계 각 지역 공항이나 영업점에서 판매한 항공권인 쿠폰을 서울로 전달해 주는 것이다.

방콕발 서울행 638편에서 일어난 일이다. 지금은 항공권 구매하고 예약 번호만 알면 좌석을 받을 수 있다. 이 시스템이 구축되기 전에는 국제선 항공권을 구매하면 항공권은 6매의 쿠폰으로 구성되어 있다. 여행사 등 판매처, 탑승 지점, 승객용, 그리고 회사의 수입 관리부용 등이다. 이 마지막 쿠폰은 회사에서 판매 수입을 산정하는 유가증권과 똑같은 중요한 영수증이다.

이 쿠폰을 반납하는 것은 그날 탑승 승무원 중에 두 번째로 서열이 높은 여승무원이다. 이날은 쿠폰의 양이 많아 여승무원들이 들고 다니는 Flight Bag에 들어가지 않을 만큼 많았다. 그래서 가방 옆에 두었다가 내릴 때 챙겨갈 참이었다.

승무원들은 비행 중에는 긴장을 잔뜩 하고 있다가도 공항에 도착하면 긴장이 풀어지는 것이 일반적 현상이다. 김포 공항에 도착하자, 담당 여승무원도 집에 가겠다는 생각이 앞선 때문인지 모르겠으나 아직 남은 중요한 임무는 잊어버리고 비행기에서 내려버렸다.

이 비행기는 다음 비행 준비를 위해 청소하러 온 사람들과 Catering 작업으로 기내는 아수라장으로 변한다. 문제의 서류 뭉치들이 청소 요원은 쓰레기로 알고, 기내에서 나온 다른 쓰레기와 함께 치워져 버렸다.

담당 승무원은 무사히 끝난 비행 근무에 만족하면서, 집에서 올빼미처럼 밤새느라 부족한 수면에 빠져 있었다.

한편 방콕 공항서 쿠폰을 보냈다는 전문을 읽은 수입 관리부 직원, 비행기는 벌써 몇 시간 전에 도착했는데, 와야 할 쿠폰이 아직도 사무실에 도착하지 않았다.

이 직원이 승무원 부서로 연락했고, 바로 해당 편수의 사무장에 확인을 위해 급히 연락이 갔다. 사무장은 다시 담당 여승무원에게 연락했다. Wake-up 콜 같이 울리는 소리에 달콤한 잠에서 깬 이 여승무원은 사무장의 말에 기억이 살아나 망치에 맞아 백지가 된 기분을 느끼며 잠에서 깼다. 'OMG!'

이 비행기에 탑승한 전 승무원들은 사무장의 갑작스러운 소집에 잠에서 깨고 회사로 속속 들어왔다. 먼저 유실물 보관소나 기내 청소

부서에 수소문해 봤다. 보았다는 사람은 아무도 없었다. 그래서 기내 쓰레기를 담아 치우는 청소차를 찾기로 했다. 이때는 벌써 비행기가 도착한 지 5시간이 지난 터라 청소차는 벌써 난지도 쓰레기장으로 떠난 다음이었다.

기내 쓰레기가 들어가는 구역이 따로 있다는 청소 반장의 설명을 듣고 승무원들은 회사에 도착한 순서대로 난지도로 갔다. 하역장에는 십여 명의 사람들이 쓰레기를 분류하느라 바빴다. 먼저 이들에게 여기에 온 이유를 설명하고, 우리가 찾고 있는 봉투가 있다며 이것에 대해 물어보았으나 본 사람은 아무도 없었다.

열두 명의 승무원들도 산더미같이 쌓인 쓰레기 더미에 달라붙어 필사적으로 뒤지기 시작했다. 기내서 익숙하게 많이 본 쓰레기와 음식 찌꺼기라 낯설지 않게 느껴졌다. 모두 그 봉지가 나오기를 간절히 기도하는 마음으로. 특히 서류를 잃어버린 여승무원과 책임을 맡은 사무장은 자신들 때문에 애꿎은 동료들을 고생시키고 있다는 미안함에 이 쓰레기 더미에라도 숨어버리고 싶었을 것이다.

이렇게 30분 가까이 피를 말리는 사투를 벌이고 있을 때, 남승무원이 "심봤다!" 라고 소리 질렀다. 면세품 판매에 사용하는 쇼핑백에 담겨 있는 빨간색 쿠폰 봉투 뭉치. 꼭 찾아야 했던 보물 상자였다.

모든 사람은 허리를 펴며 안도의 한숨을 내쉬었다. 특히 이 일을 만든 여승무원은 큰 걱정이 한순간 사라지는 그 정점에는 자책의 눈물만 흘러내렸다.

이 사건 이후, 쿠폰을 담은 가방은 눈에 잘 띄는 빨간색 가방으로 바뀌며 가방에는 영문으로 'Coupon'이라는 큰 글씨도 쓰여 있다.

에피소드 2

위의 쿠폰 분실 사건이 발생한 지 8개월가량 지났을 무렵이다. 다시 한번 추억의 난지도를 가야 하는 사건이 일어났다. 이번에 찾아야 할 보물은 돈이다. 그것도 한두 푼이 아니라, 국제선 면세품 판매금인데, 회사로 입금해야 할 금액이 5,000불이 넘는 거액이었다.

이날 사건의 개요는 이렇다.

국제선 항로 가운데 가장 바쁜 노선을 들라면 한일 노선이다. 두 시간도 되지 않은 짧은 비행시간에 입국카드 배포, 식사와 음료 서비스, 그리고 면세품 판매를 모두 끝내야 하기 때문이다.

서울에 도착하는 순간까지 그야말로 눈코 뜰 사이 없이 바쁘게 움직일 수밖에 없다. 식사 서비스 후 착륙 준비까지 겨우 20분 정도의 판매 시간이다 보니, 면세품을 사려는 사람은 많고 시간에 쫓겨 승무원들도 전쟁 치르듯 바쁘다. 후미에 앉아 구매 못 한 승객과 실랑이는 흔하게 보는 모습이다.

오사카 출발 서울로 오는 비행기가 착륙을 위해 20분 전에 판매를 중단했다. 그러자 갤리까지 따라와서 판매 중단을 항의하는 승객을 설득하느라 승무원도 정신이 없었다. 승객들이 물러가자, 이번에는 또 다른 전쟁이 시작된다. 면세품 정리와 판매 결산(Inventory), 판매 대금의 집계, 세관에 제출할 서류를 작성해야 하기 때문이다. 그것도 비행기 착륙 10분 전에 모두 마치야 된다.

담당 승무원들은 착륙 후 남은 일을 끝마치기 위해서 갤리로 모여든다. 돈을 맡은 승무원은 비행기의 뒤 좌석에서 판매액 집계에 정신이 없다. 이런 모든 일은 승객들이 하기할 무렵까지 끝내야 한다.

금액 정리를 끝낸 승무원은 뒤에서부터 갤리로 오면서 승객의 유실물을 점검한 다음, 갤리서 판매액이 얼마라고 알려준 후 쇼핑백에 담아놓은 돈을 갤리 선반에 놓았다. 면세품 담당자는 돈을 두었다는 말에 건성으로 '예'라고만 대답하고, 세관에 넘길 판매 일보를 작성하는 일에 열중하고 있었다.

승객들이 모두 내리고 나면 기내는 다음 비행을 위해 청소가 이루어지고 서비스된 식사와 면세품을 하기하는 조업원들로 기내는 다시 시장처럼 소란해진다. 이때 담당 직원과 승무원의 면세품 인수인계도 이루어진다.

물품의 인수인계를 마친 이 승무원은 판매금액을 갤리에 두었다는 사실을 까맣게 잊어버린 채 비행기에서 내렸다. 이 사실을 알게 된 것은 세관의 짐 검사대서 가방을 열었을 때였다. 도착 게이트가 멀었지만 뛰어서 비행기로 들어갔을 때 기내 청소는 이미 깨끗이 끝나 있었다. 비행기는 다음 스케줄을 위한 국내선 승무원들이 들어와 비행 준비로 바빴다.

청소 담당하는 사무실에 수소문해 보니, 쓰레기를 실은 청소차는 난지도로 떠난 지 오래되었다. 퇴근 중에 사무장으로부터 먼저 연락된 승무원 몇 명이 먼저 난지도 쓰레기 하역장 앞에서 모이기로 했다.

기내 쓰레기 하역장으로 가서 샅샅이 뒤졌지만 결국 찾지 못했다. 하늘도 두 번은 도와주지 않았다. 돈의 행방은 신만이 아는 일로 끝나고 말았고, 이 금액은 회사에 입금해야 할 돈을 분실한 것이라 함께 근무했던 승무원들이 N분의 1로 해결해야 했다.

대도 루팡

1997년 7월 **일 19시 30분 출발하는 LA행 015편. 브리핑 시간이 17시 30분이고 이보다 20분 전에는 승무원이 해외에 나가서 쓸 출장비인 포디움(Podium)을 타러 간다. 이날 포디움 담당자인 K씨는 담당 창구로 가서 수령 신청서를 작성 후 직원에게 건네주었다.

담당 직원이 반색하며 1시간 전에 벌써 받아 갔다는 것이다. K씨도 어이가 없어 무슨 소리를 하는 거냐며 따졌다. 격론이 벌어지자 담당 직원은 수령 신청서를 보여 주었다. 신청서에는 K씨의 직원 번호와 이름이 틀림없었다. 이것을 보자 K씨는 말문이 막혔다. 무엇보다도 동료들에게 도둑 취급받는 것이 더욱 화가 치밀어 올랐다. 그는 I.D카드를 내보이며 절대로 받아 간 적이 없음을 재차 확인시켰다.

아무리 따져도 담당 직원도 지급했다는 원론적인 설명뿐이라 결론이 나지 않았다. 황당해하는 것은 그도 마찬가지. 담당 직원도 포디움을 받아 가는 승무원이 하루에도 100명이 넘어 모두 기억할 수가 없는 것이다. 그리고 제복을 입고 있고 또 여승무원의 머리 스타일도 단발머리 아니면 쪽 찐 머리뿐이라 비슷하여 여간해서 구별하기가 힘들었다. 그러니 기억이 안 난다는 말이 어쩌면 당연할지도 모른다.

지금 같았으면 CCTV가 있어 확인되어 결론이 나겠지만, 이 당시는 이런 시설이 없었다. 포디움 실에서의 실랑이는 증거가 없어 결론이 나지 않았다. 큰 금액이기도 하지만 무엇보다 K씨는 누명을 쓰는 것이 억울해서 이 사실을 사무장에 보고했고 사무장은 다시 회사에 보고했다.

먼저 받아 간 사람과 K씨의 필체가 누가 봐도 틀렸다. 담당 직원과 회사가 모든 수단을 동원해 범인을 찾으려 했지만 기억할 만한 단서가 없어 오리무중이었다. 직원은 직원대로 기억이 나지 않고, 받아 갔던 시간대에 다른 승무원들에게 물어봐도 기억하는 사람이 없었다.

이편에 탑승할 승무원들의 일정을 보면 회사에서 가장 긴 비행 스케줄인 9박 10일. 일정은 서울서 L.A에 도착해서 1박 2일, 다시 L.A에서 브라질 상파울루 가서 3박 4일 체류 그리고 다시 상파울루에서 L.A로 와서 2박 3일을 체류하고 서울로 돌아오는 여정이다. 이렇게 일정이 길다 보니 자연히 체류 잡비도 그만큼 많을 수밖에 없다.

당시 이 여정의 1인당 포디움이 약 350달러 정도였고, 기종도 보잉 B747-400 대형기라 승무원 수가 18명이다. 350불에 18명이면 6,300불이라는 큰 금액이다. 이 당시 나의 비행 수당을 뺀 월급이

8~90만 원과 비교하면 얼마나 큰 금액인지 알 수 있다.

이 많은 돈이 유명한 프랑스 도적 루팡처럼 어떤 증거도 없이 사라진 것이다. 법적으로 따지면 신청서와 신분증인 I.D카드의 직원 번호를 확인하지 않은 것은 실수지만, 이 사건이 발생하기 전까지 20년 동안 이런 사고가 발생한 적이 한번 없어 서로 믿고 신분증 확인 없이 지급해 왔다. 이 사고로 승무원과 그 직원과의 신용이 깨지고 말았고 담당 승무원 한 명만 받으러 왔던 절차가 이후로 두 사람이 가야만 수령이 가능하게 되었다. 승무원 사회의 흑역사로 기록된 대사건이었다.

1997년 11월부터 이 포디움이 개인별 외화 통장이 발급되어 매달 두 번씩 수행한 비행 편의 체류 시간에 따라 달러로 계산된 금액이 자동 입금되었다. 한 달에 평균 약 300불에서 많을 때는 500불 정도 입금되었다. 이 통장은 승무원 가족이 잘 모르는 비자금 통장과 같다. 나도 정년 때까지 20,000불 넘게 모아 용돈으로 잘 쓰고 있다.

제주행에 부산행 승객이

비행기의 보안이 대폭 강화된 것은, '911 사건'으로 불리는 2001년 9월 11일 뉴욕 무역 센터 빌딩(102층) 테러 이후다.

이번에 소개하는 승객 오탑승 사건이 2001년 이후에 발생했다면 매스컴이 항공기 보안을 심각하게 위반했다며 대서특필했을 것이고, 또 회사 상벌위원회에서 자진 퇴사 정도의 벌칙을 받았을 것이다. 이 일은 내가 사무장 2년 차였던 1998년에 일어났던 일이라 아무런 문제 없이 넘어갔다. 김포발 제주행 12** 편. 운송직원이 조종실에 탑승객 수와 화물에 관한 서류인 Weight & Balance에 사인을 받고 하기하면 기장에게 탑승한 승객 수를 보고하고 그 서류와 일치하면 항공기 문을 닫는다. 그러면 사무장은,

"Cabincrew Doorside standby! Safety Check."

이것은 출발 전 비상시를 대비하는 절차로, 이 상태로 출입문을 열면

탈출용 미끄럼대(SLIDE)가 자동으로 펼쳐지게 되는 방향으로 변경하는 절차다. 이것이 끝나면 방송 담당 여승무원이,

"손님 여러분 안녕하십니까. 이 비행기는 제주까지 가는 00항공 12** 편입니다.(이하 생략)"

이 방송이 끝나면 기내에서 안전 수칙과 비상시에 탈출하는 방법에 대한 시연 비디오가 상영된다. 이때 비행기는 이륙을 위해 유도로로 가는 중이다. 나는 승객의 안전띠 착용이나 선반 닫힘 상태 등을 마지막으로 점검하면서 기내를 한 바퀴 순시 중이었다.

이때 40대 중반으로 보이는 남자 승객이,

"사무장 방금 방송에서 이 비행기 제주행이라 카던데 이거 부산행 비행기 아입니까?"

"제주행인데요. 탑승권 보여 주시겠어요"

아뿔사! 출발 시간이 같은 부산행 탑승권이었다. 생각지도 못했던 일이 갑자기 발생하면 머리가 백지상태가 된다는 말이 바로 이 순간이 아닌가 싶었다. 왜냐하면, 기장에게 보고해서 이 승객을 내리게 하려면 탑승했던 게이트로 돌아가야 한다. 이렇게 되면 최소한 30분은 지연될 것이 뻔하고, 비행 종료 후에는 회사에 지연에 대한 보고서도 써야 한다. 어쨌든 엎질러진 물이라 이제는 어떻게 잘 수습하느냐 따라 문제가 되고 안되는 경우는 인생을 살다 보면 누구나 겪는 일이 아닌가. 순간 스치는 생각, '어차피 이 승객도 타야 할 비행기는 이미 떠났고, 그러면 제주서도 부산 가는 비행편이 많이 있으니 거기서 가도 되지 않을까? 이 승객의 제주/부산 구간 요금은 내가 책임지자'

먼저, 이 승객에게 지금 비행기가 돌아가면 이 승객들이 최소 30분은 지연됨을 설명하고, 그리고 해당 편도 이미 떠났으니 제주서 부산행 편을 마련해 주겠으니 바쁘지 않으면 이렇게 하면 어떻겠냐고 설명했다. 제주서 부산행 예약 상황도 모르면서 말이다. 이 승객도 자신의 실수도 있었기 때문인지 이 말에 선뜻 동의해 주었다. 일단은 여정에 차질 없이 비행기는 이륙했다.

이륙 후 조종실에 들어가 기장에게 조금 전 상황을 브리핑했다. 그리고 조종실의 무선 Radio로 제주 공항에 이 승객이 부산행 비행기에 탑승할 수 있도록 부탁했다. 부탁한 대로 잘될 수 있기를 기도하는 마음과 안 되면 어쩌지 하는 불안한 마음이 점멸등처럼 싸우면서 제주에 도착했다. 운항 중에 조종실서 제주 공항에 오탑승에 대해 듣고 출발 공항인 김포 공항에 이 사실을 확인했다. 이때 오탑승이 있었음이 확인되어 제주 공항에 잘 조치해 주기를 부탁한 것이다. 게이트에 도착. 하기를 위해 출입문을 열자 제주 공항 K과장이 이 승객이 탈 비행기로 안내하기 위해 기다리고 있었다. 승객들이 내리고 30분 후, 다시 승객들을 태우고 김포 공항에 도착했다. 하기를 위해 문을 여니 오탑승한 비행편 담당 S과장이 출입문 앞에서 나를 기다리고 있었다. 다시는 이런 일이 없도록 하겠다며 머리 숙여 사과했다. 그리고 한마디,

"살려줘서 고맙습니다."

이 당시는 관련 교통부나 공항 기관이 항공사에 모든 것을 맡겨 놓은 상태라 가능했던 일이다. 그러나 지금은 비행기서 일어나는 모든

상황에 대해서 매뉴얼이 있고, 이 절차에 따라 하지 않으면 항공사가 벌금이나 불이익을 받게 된다. 세계 어느 항공사나 탑승권에 있는 바코드를 통해 정확한 탑승을 통제하고 있지만, 프로그램의 버그인지는 모르겠으나 1년에 평균 서너 번씩은 이런 오탑승이 발생한다고 한다. 이런 일을 방지하기 위해 승무원들은 탑승이 끝나면 수동 계수기로 헤아리다가, 최근에는 탑승권에 있는 바코드 인식 PDA 스캐너로 스캔해 운송직원이 알려준 승객 수와 일치하면 출입문을 닫는다.

지금은 없는 옛날 서비스

내가 입사한 87년에 국내선에서 하는 서비스는 사탕(캔디) 서비스가 있었다. 자식들이 효도 선물로 보내주는 제주 노선에서 할머니 할아버지에게 멀미 예방으로 인기가 있었다. 그러다가 겨울이 되면 제주는 감귤 수확 기간이다. 당시 감귤이 과잉 생산되어 재배 농민들에게 도움을 주기 위해 국내선에서 감귤 서비스도 했다. 음료 서비스도 카트 위에 음료수를 싣고 나가서 주문을 받는 게 아니라, 저비용 항공사처럼 쟁반에 물, 주스 그리고 콜라를 만들어나갔다. 지금처럼 냉장고가 장착되었던 비행기도 1989년에 처음 도입된 점보 B747-400 항공기가 최초다. 이전까지는 드라이아이스조차도 아예 없었다. 차게 해서 서비스 해야 하는 맥주나 화이트 와인, 샴페인 등은 모두 벌크로 탑재해주는 얼음으로 차게 했다. 이런 음료를 한꺼번에 칠링하기 편하게 푸른색 대형 박스를 각 클래스 갤리에 하나씩 실어 주었다. 국내선에도 똑같이 얼음과 이 박스를 실어 주었다. 1986년 아시안 게임과 1988년 올림픽 게임을 마치고 난 후인 90년대 들어서 여행 붐이 일어난 시기다. 이 당시 국민 놀이면서 도박이라는 양면의 탈을 쓴 고스톱이 엄청나게 유행했던 시기다. 이 연장선에 기내서도 단체 여행객은 일행끼리 Table에 기내 담요를 펴고 소정의 돈을 걸고 이 놀이를 했다. 한국 승객들이 많은 비행기에서 흔하게 볼 수 있는 광경이었다. 이 당시 이코노미석 승객에 가장 인기 높은 기내 선물이 서양 카드 트럼프였다.

1987년 입사 때부터 국가 부도 사태 직전까지 간 1997년 IMF 사태까지는 팀의 최선임 여승무원을 Top Senior(서비스 코드:TS)라고 불렸고, 이 코드 여승무원은 1등석(First Class)을 담당했고, 이륙하고 서비스가 시작 전에 한복으로 갈아입고 기내를 한 바퀴 순회하고 서비스에 임했다. 이 한복은 회사서 일정 경비를 지원하면 각자 한복집에서 맞춰 입었는데, 여승무원끼리 패션 경쟁이 붙어 유명 한복집을 찾다 보니 지원금으로는 턱없이 부족했다.

하와이 노선에는 팀에서 제일 늦게 입사한 승무원을 막내 또는 일본 말로 첫째라는 뜻인 이치방(一番)이라 불렸다. 이 승무원은 이 노선에서 비행 전에 하와이 원주민 전통복인 무무(Mumu)를 받아와 탑승 환영 인사와 기내 서비스 때도 이 옷을 입고 근무했다.

이 당시 막내의 설움이란 식당에서 궂은일은 초보자가 맡아 하는 것과 유사했다. 먼저 카트 위에 신문을 세팅하고, 다음에는 화장실용품 설치 그리고 탑승 인사를 위한 무무로 갈아입는다. 이게 불편한 것은 무무를 넣어 다니는 행어를 서울에 입국할 때까지 들고 다녀야 했기 때문이다. 그래서 후배가 한 명 들어오면 이치방은 얼굴에 웃음꽃이 핀다.

이 노선에 없어진 서비스가 하나 더 있다. 탑승이 끝나면 하와이 특산물인 구아바 주스를 모든 클래스에 Welcome Drink로 서비스했다. 그리고 1997년부터 장거리인 미주, 구주, 그리고 대양주 노선에는 기내도서 서비스가 있었다. 당시에 인기 있는 만화, 소설, 수필 그리고 인문 서적과 그 노선의 여행서가 주류를 이루었다. 이 중에 장거리 여행에 가볍게 볼 수 있는 만화와 그 노선의 여행안내서는 늦으면 순서를 기다려야 할 정도로 인기가 있는 책이었다.

승객에 바라는 12가지

비행기에 탄 다른 승객들 때문에 짜증이 난다면, 승무원들은 과연 어떨까. 승무원에게 승객들이 비행기에서 '제발 이것만은' 하지 말았으면 하는 행동 하나씩을 꼽아 달라고 설문 조사를 했다. 이 대답들은 필자이자 전직 비행 승무원인 애비 웅거 씨가 하는 온라인 포럼 '비행 승무원 커리어 커넥션'의 페이스북 페이지에 올라온 것과 참가자들의 그에 대한 가치 있는 대답이다.

1. 음료 선택에 한참 시간 끌기

"내가 통로에서 카트를 끌고 다니는 걸 벌써 20분이나 봤지 않은가."

2. 좌석 등받이 주머니에 쓰레기 넣기

우리는 10분마다 쓰레기를 치우러 다닌다!"

3. 헤드폰 끼고 음료 주문하기

"당신 나에게 비명 지르고 있다."

4. 비행기에서 맨발로 돌아다니기

"우 웩!"

5. 승무원을 찌르거나 옷을 잡아당기기

"간단하게 '실례합니다.'라고 해도 된다."

6. 착륙 직전에 화장실 가겠다고 일어서기

"시간적인 여유가 몇 시간은 있었지 않은가."

7. 휴지, 이쑤시개, 쓰고 난 기저귀 건네주기

"뭐든 버릴 수 있는 위생 봉투에 넣은 다음 비닐봉지에 넣어서 우리가
지나갈 때 주면 된다."

8. 비행기가 정말 작다고 말하기

"나는 국내선에서 일하기에 당연히 비행기가 작다. 30분 비행이라고!"

9. Galley(비행기에서 음식을 준비하는 곳)에서 노닥거리기

"내가 당신 사무실에 가서 요가하고 어슬렁거리는 거 봤나?!"

10. 기내식 나눠줄 때 화장실 가기

"정말이지… 걸리적거린다."

11. 지금 탄 비행기가 정시에 운행되고 있는데 환승 시간이 빠듯하다며
불평하기

"애초에 그렇게 빠듯하게 예약하지 마!"

12. 세관 서류 작성한다고 펜 빌려 달라고 하기

"내 주머니에 펜이 끝없이 들어있는 것도 아니고, 나는 A) 내가 제일
좋아하는 펜이고, B) 나는 펜을 항상 지니고 있어야 할 의무가 있기에
당신에겐 주지 않을 것이다."

허핑턴 포스트 US의 'The One Thing Flight Attendants Wish You'd Stop Doing'의 기사에서 발췌한 글.

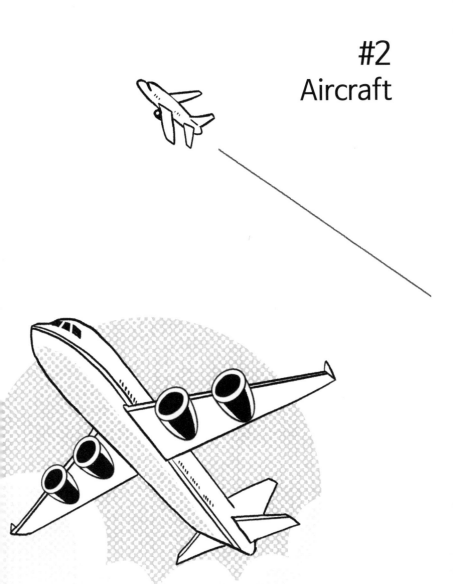

비행기의 길

자동차가 오가는 도로에도 차가 다니는 차도와 사람들을 다니게 한 인도로 구분된다. 이렇게 구분 지우는 것은 안전을 위한 대책이다.

공항과 공항을 오가며 하늘을 날아다니는 비행기도 비행기가 가야 하는 길로만 다녀야 한다. 이렇게 하늘에도 고속 도로처럼 만들어진 비행기의 길이 항공로(Airway)이다. 이 길은 공항과 공항이 눈에 보이지 않게 동서남북으로 거미줄처럼 복잡하면서도 입체적으로 이루어져 있다. 즉 도로와 다르게, 졸음쉼터나 휴게소가 없고 신호등도 없어 비행기 사이 간격 분리 및 3차원의 고도 분리(높낮이)로 거의 교통 체증 없이 도착시간을 지킬 수 있다. 또한 이런 정해진 길을 주어진 고도를 유지하며 비행하기 때문에 충돌 없이 다닐 수 있는 것이다.

하지만 공항 출발과 도착 및 항로도 최근에는 인구증가와 비례하여 공중에 비행기가 늘어난 복잡한 상황으로 기장이 마음대로 할 수 있는 여지가 많지 않다. 실수로 항로를 이탈하거나 고도가 맞지 않으면, 레이더나 위치 추적 장비로 비행기를 추적하고 있는 공항 관제소에서 경고가 날아온다. 이것은 운전자가 교통 법규를 위반하면 받는 딱지처럼 조종사도 항로 규정을 위반하거나 잘못하면 이렇게 딱지를 떼이

비행기 장착 비행관리 시스템

주변국과 이어지는 한국내 항로

는 것이다.

그러면 이 항로는 어떻게 만들어지는가.

항로는 각 공항에서 발사하는 전파를 이용하여 만든 내륙 (육지)항로와 태평양 등 바다에

는 공항 발사 전파가 없으므로 동경과 서경의 좌표를 이용하는 지점과 지점을 연결하는 항로로 구성되어 있다. 이 항로는 일직선의 선과 폭뿐만 아니라 높이를 가지고 있는 상자 모양의 터널과 같은 구조다. 여기에 항로가 교차하는 지점은 모두 입체 교차로가 되어 있어 하늘에는 교통 체증이라는 말은 있을 수 없다.

비행기 순항 속도가 시속 850km 내외다. 빠른 속도로 비행하면서 서로 스치거나 충돌하지 않고 안전하게 날아다니는 것은 무엇 때문일까. 그것은 같은 시간대에 비행하는 비행기는 같은 고도로 날 수 없기 때문이다. 이것을 고도 관제라고 하는데, 비행기에는 고도에 대한 규칙이 엄격하게 정해져 있다.

예를 들면, 동쪽으로 비행하는 항공기에 대하여는 홀수의 고도로, 반면 서쪽으로 비행하는 비행기는 짝수의 고도로 설정하여 비행하게 되어 있다. 또 같은 방향의 비행기라도 2,000피트(약 600m)의 고도 차이를 두고 비행하게 되어 있다.

항공기가 이륙에서 착륙 때까지 지상을 한 번도 보지 않고 목적지까지 정확하고 안전하게 갈 수 있는 것은 지상에서 끊임없이 보내주는 전파의 지시에 따라 비행하고 자동차의 네비게이션과 비슷한 비행관리시스템인 FMS(Flight Management System)을 비행기에 장착하고 있기 때문이다. 그리고 지상에서는 조종사들의 비행 방향, 속도, 고도 등의 교통 규칙들의 이행을 항상 감시하고 있는 하늘의 교통경찰인 관제사가 있다. 이들과 조종사와의 교신이 이루어지고 있는 한 비행기가 충돌하는 등의 사고는 절대로 일어날 수가 없다.

그리고 최근에는 승객이 탑승하는 여객기에는 관제사의 실수에 대비하고 비행기 스스로 충돌을 방지할 수 있는 공중충돌경고장치인 ACAS(Airborne Collision Avoidance System)가 장착되어 날고 있는 비행기에 접근하는 물체가 있으면 경고와 함께 회피할 수 있게 되어 비행 중에 충돌은 있을 수 없다. 이런 것들이 비행기가 어떤 교통수단보다 안전하다고 자신하는 이유다.

Bird Strike – 비행기와 새

어쩌다 발생하는 항공기 사고의 대부분은 비행기가 이착륙 5분을 전후해서 가장 많이 일어난다고 한다. 그중에서 가장 흔하게 일어나는 사고 원인 가운데 하나가 새와의 충돌(Bird Strike)이다.

비행기를 조종하는 기장의 말에 의하면, 빠른 속도로 나는 비행기와 새가 조종실 창문이나 동체에 부딪히면 '퍽'하는 둔탁한 충격을 느끼며, 대부분 기체의 머리 부분에 부딪히는 경우가 제일 많지만, 어쩌다 조종실 유리창에 부딪힐 때는 새가 조종사의 얼굴로 빨려들어 오는 듯한 현실감에 눈을 감는다고 한다.

새가 고속인 비행기와 부딪힐 때는 엄청난 충격을 준다. 가령 시속 370km로 상승 중인 비행기에 900g의 오리 한 마리가 충돌 시 비행기가 받는 충격은 4.8t이나 된다.

이런 조류의 충돌 중에 가장 위험한 것은 새가 엔진에 빨려 들어가는 것이다. 특히 이륙 시에는 엔진이 최대로 가동되어 진공청소기처럼 빨아들인다, 엔진에 들어간 새는 빠른 속도로 회전하는 엔진의 날(Blade)을 손상케 해 엔진에 화재 또는 작동 불능으로 만들어 비행기를 추락시킬 수 있을 정도로 위험성이 매우 크다.

이 조류충돌(Bird Strike)사고가 영화로 만들어진 것이 톰 행크스 주연의 '설리: 허드슨강의 기적'이다. 2,009년 1월 16일, 미국 Airways 항공사 1549편 Airbus 320 비행기가 뉴욕 La Guardia 공항에서 이륙 직후 거위 떼와의 충돌로 비행기 양쪽 엔진이 모두 고장이 나서 운항 불가 상태가 되었고, 근방에 있는 뉴욕 허드슨강에 비상 착륙하여 155명 전원이 생존한 기적적인 감동의 실화이다.

우리나라에서는 1,994년 11월 9일, 제주발 광주행 326편, 에어버스사의 A300-600기종으로 승객은 292명의 만석이었다. 비행기가 이륙해서 상승하는 도중 꿩 한 마리가 2개의 엔진 중에 왼쪽에 있는 엔진에 빨려 들어갔다. '펑'하는 폭발음과 함께 엔진에 화재가 일어났다. 이 상황은 즉시 조종실의 경고 시스템에 'Fire Left Engine!'이라는 경고음이 흘러나왔다.

기장은 이 엔진을 정지시키고, 항공기의 엔진 내부에 있는 자동 소화장치를 작동시키자 바로 화재는 진압되고 한 개의 엔진으로 제주 공항으로 되돌아와 비상 착륙했다. 약 10여 분 동안 승객들은 공포에 떨었으나 인명 피해 없이 무사히 착륙했다. 당시 가격으로 엔진 하나에 40억 원을 꿩 한 마리가 삼켜 버렸다.

새는 항공기 안전을 위협하는 대표적인 장애물 가운데 하나로, 각 공항 관리자들은 새와 비행기의 충돌을 막기 위한 여러 가지 연구와 노력을 기울이고 있다. 활주로 주변의 제초 작업, 덫과 총기와 폭음탄, 그리고 허수아비나 독수리 모형으로 새의 근접을 막으려고 온갖 궁리를 동원하고 있다. 비행기를 정면에서 보면 엔진 중앙에 커다란 새의 눈알 모양(Eye Ball)을 그려 놓은 것을 볼 수 있는데, 이것도 비행기가 새가 판단하기에 아주 큰 새로 인식하게 해서 비행기로 근접을 막기 위한 위협 표시다.

2014년부터 2018년까지 5년간 한 해 평균 260건의 조류와 충돌 사건이 발생해 항공사에 큰 손해를 입혔다고 한다. 누군가 새와 비행기의 충돌을 피할 방법을 개발한다면, 아마도 마이크로 소프트의 빌 게이츠 부럽지 않은 부자가 될 수 있을 거라는 생각이 든다.

개 때문에

비행기는 약 400만 개의 부품(B747의 경우)이 서로 유기적으로 조화를 이루며 조립된 정밀한 첨단 기계라 할 수 있다. 그러나 아무리 정밀한 기계일지라도 완벽할 수는 없다. 우리처럼 직업적으로 비행기를 타면 일반 사람에게 잘 알려지지 않는 사건 사고가 어쩌다 일어난다.

1994년 10월 **일 15시 30분 김포공항발 포항행 비행기에서 일어난 일이다. 기종은 지금은 퇴역하고 없어진 164석의 MD-82.

도착지 포항 상공에는 29호 태풍 세스의 간접적인 영향으로 바람이 많이 부는 기상이었다. 그렇다고 착륙에 지장을 줄 정도는 아니었다. 착륙 5분 전, 구름 밑으로 포항 시내가 잘 보였고, 착륙기어가 동체에서 내려왔다.

지상 약 60m 고도가 되면 조종실에는 'Minimum, Minimum'이라는 자동 컴퓨터 음성이 나오는데, 이 말은 착륙할 것인지 상승(Go Around)할 것인지 결정해야 하는 마지막 시간을 알려주는 소리다. 이 음성이 나오고 10초 정도 지나면 착륙이다.

이 목소리가 들리고 3초 정도의 시간이 지났다. 갑자기 비행기가 기수를 들어 올리는 것이다. 항공기 착륙을 어렵게 하는 돌풍이나 옆바람 같은 기상 현상 때문일 거라 짐작했다. 그러나 창으로 내려다본 포항공항의 시야는 좋은 편이었다. 비행기는 포항 상공을 선회하고 있었다. 승객에게 이 이유를 방송하기 위해 궁금했지만, 이때 조종실도 항로 수정으로 아주 바쁜 시간이다. 그래서 기장의 연락이 오기 전에는 안전상 인터폰으로 물어볼 수도 없는 상황이다.

포항을 선회한 비행기는 다시 바퀴를 내리고 다시 컴퓨터 목소리가 흘러나왔다. 잠시 후 바퀴가 활주로에 닿는 가벼운 진동이 느껴졌다. 승객들이 내리고 조종실 문이 열리자 나는 착륙 직전 비행기가 다시 상승한 이유를 기장에게 물어보았다.

"글쎄, 착륙하려는데 활주로에 개 한 마리가 갑자기 뛰어 들어오잖아. 이대로 착륙하면 영락없이 개와 부딪힐 것 같았지. 그래서 나도 반사적으로 기수를 들어 올렸지. 아마 승객들도 놀랐을 거야. 조종사 생활 20년에 이런 일은 처음이네."

비행기가 고도를 높였다가 재착륙하려면 연료가 1,000파운드 정도가 소모된다. 이 개 때문에 손해 본 연료값은 누구한테 배상받을 수 있을까.

대통령 전용기

1994년 3월 24일부터 30일까지 김영삼 대통령이 일본과 중국을 공식 방문하는 일정이었다. 주 방문 목적은 경제 협력과 우호 증진이었다. 사실은 북한의 국제 원자력 기구 IAEA의 핵 사찰 거부로 인한 남북한의 냉전 타개를 위한 방문이었다.

2박 3일 일정으로 일본 방문을 끝내고, 26일 저녁 무렵에 중국의 첫 방문지인 상해로 향했다. 도쿄 하네다 공항에서 상해까지는 약 1,800km 거리라 약 3시간 정도 소요된다.

방문단의 기자들과 수행원들의 저녁 식사가 끝나자 9시 저녁 뉴스 시간이 되었다. 한국을 떠난 지 이틀밖에 지나지 않았지만, 수행원들 모두가 국내 소식이 궁금했다. 비서진들도 전용기라 당연히 TV 시청이 가능할 것으로 생각하고 대통령에게 뉴스 시청을 권하고 대통령이 있는 곳의 스크린 앞에 모였다.

그러나 '이 비행기에는 TV 수신 장치가 없다'라는 S사무장의 말에 비서들은 실망을 넘어 말이 안 된다는 표정이었다.

"이런 첨단 비행기가 TV를 시청할 수 없다니 말이 돼. 그렇지 않아도 각하께서 국내 소식에 궁금하다고 했는데 참 난감하게 되었네."

대통령 수행원의 한 사람으로 탑승하고 있었던 D항공의 창업자인 C회장이 비서들의 집중포화를 받게 되었다. 결국에는 옆에 있었던 정비 책임자가 대신 설명했다. TV 수신 장치는 선택 사양이라 D항공사는 이 옵션을 항공기 도입 당시 선택하지 않았다고 했다.

이 당시 대통령 전용기는 보잉 B747-400 비행기다. 도입된 지 3년 정도 된 첨단 비행기였으며, 위성 전화와 좌석에 개인용 모니터가 장착되어 들어왔던 최초의 비행기였다.

이 소동은 바로 정비부서로 알려지게 되었고 이번 일정 이후로 이 비행기는 유일하게 TV 시청을 할 수 있는 비행기가 되었다. 1998년 프랑스 월드컵 때 기내에서 TV로 경기 중계방송을 시청했거나, 가끔 9시 뉴스를 실시간으로 보았다면 그 비행기가 바로 대통령 전용기였다.

비행기도 화장을 한다

항공사를 한마디로 정의하면 이미지 회사라 생각한다. 항공사를 생각할 때 승무원의 유니폼과 기내 인테리어, 그리고 미소가 제일 먼저 떠오르는 이미지가 아닌가 싶다. 이런 이미지가 통합된 상태로 항공사의 서비스가 완성될 때 승객은 좋은 항공사로 자리매김한다.

최근 항공사들은 국적 항공사의 개념에서 떠나 무한 경쟁 시대라 할 수 있다. 대형 항공사끼리 공동운항(Code Share)이나 항공 동맹체(Alliance)를 만들어 부족한 노선을 확대해 나가고 있다. 여기에다 항공사들은 고객들에게 좋은 이미지로 다가서기 위해 기내 서비스는 물론 탑승 마일리지 적립 프로그램 같은 보너스로 고객을 잡아두려고 경쟁이 치열하다.

그동안 비행기의 동체에는 커다랗게 써놓은 항공사 이름과 꼬리 날개에 항공사 로고 정도가 항공사 이미지를 떠올리게 하는 전부다. 대부분의 항공사와 다르게 이미지로 항공사를 알게 했던 항공사가 있었다. 그 항공사는 미국 콜로라도주의 Denver 국제공항을 허브 공항으로 둔 Frontier 항공사. 이 항공사의 꼬리 날개에는 이곳 로키산맥에 서식하는 야생동물의 그림으로 채워져 있다.

1997년은 선진국의 일부 항공사들이 승객으로부터 주목받는 항공사로 나서려는 노력의 원년으로 볼 수 있다. 항공기 동체에 이미지화된 그림으로 메시지를 전달하려는 시도가 승객의 평가가 좋아지니 다른 항공사들도 이 유행의 추세에 따라가지 않을 수 없었다.

이 일이 이제는 항공사들이 자사 비행기를 선전물로, 또는 고객들에게 항공사를 알리는 이미지 통합(C.I)의 한 방법으로 연결되는 중요한 일이 되다 보니 항공사들도 신경 쓰지 않을 수 없었다. 승객은 이용한 항공사를 아날로그 시대의 문자보다 이미지로 알고 선택할 수 있다는 사실이 한층 즐거울 뿐이다. 이런 추세는 이 당시 반도체 기술의 혁신적 발달과 함께 개인 휴대전화기의 기술 발전과 보급에 따른 새로운 변화가 아니었나 싶다.

이렇게 치장한 비행기를 유행시킨 선두 항공사를 들자면 일본항공(JAL)과 홍콩의 캐세이퍼시픽 그리고 2002년 파산해 호주의 콴타스 항공과 합병되어 없어진 Ansset 항공을 손꼽을 수 있다. 캐세이퍼시픽은 1997년 7월 중국으로 반환되는 홍콩의 스카이라인을 동체에 옮겨 놓았고, JAL은 하와이 노선 비행기에 하와이 상징 꽃과 새를, 또 L.A 노선에는 디즈니랜드를 떠오르게 하는 미키마우스를 그려 놓았다. 그리고 안셋 항공은 2000년 있을 시드니 올림픽 마스코트를, 또 영국 항공은 일본과 서울에 취항하는 비행기에는 수묵화인 도자기 그림이 등장했다. 그리고 노스웨스트 항공은 태평양 노선 취항 50주년을 기념해 취항 도시에 있는 어린이들 그림으로 이미지화했다.

한국서는 2001년 D항공이 최초로 제주 관광을 상징하는 '하르비'라는 주제로 제주의 상징인 한라산과 돌하루방, 귤, 유채꽃을 그려 넣은 것이 좋은 평가를 받아 그해 광고 수상식에서 금상을 받았다.

처음 이런 그림은 사람이 일일이 작업했지만, 최근에는 이런 그림을 동체에 래핑(Wrapping) 하는 기술이 개발되었다. 항공기용 그래픽 필름을 동체에 붙이는 공정으로 이전보다는 이미지를 훨씬 쉽게 표현할 수 있었다. 그래서 최근에는 LCC 항공사도 아이돌 가수를 래핑한 비행기들을 볼 수 있어 승객들도 비행기 타는 재미가 더 있다.

이런 일이 보편화되니 비행기의 그림만 보아도 어느 항공사이고 그 비행기가 상징하는 그림만으로 어느 도시로 갈 비행기인지 알 수 있는 시대가 멀지 않은 것 같다.

사실, 비행기에 색칠한 최초의 비행기는 군용기였다. 이때의 목적은 단순하게 위장한 색을 칠해서 적에게 쉽게 띄지 않게 하기 위한 위장술의 한 방법이었다. 지금도 군용기의 색상은 그때의 전통이 그대로 내려와 국방색을 유지하고 있다. 이것이 민간 항공기로 넘어오면서 미적 감각을 가미해 화려하게 치장하는 것은 승객에 대한 서비스 경쟁의 한 축으로 인식하게 되었다.

비행기의 화장품격인 페인트는 특수 페인트다. 이 페인트는 금속의 부식을 방지하고 풍압과 급격한 온도 변화에서도 견딜 수 있는 폴리우레탄 페인트다. B-747 점보 비행기 한 대 치장하는데 400ℓ 가 필요하며, 이것의 무게만 2t이나 된다.

초창기의 민간 비행기에는 검은 계통의 색보다는 흰색 계통의 색을 선호했다. 왜냐면 비행기가 여름에 지상에 장시간 있을 때 복사열이 섭씨 50도까지 올라간다. 이것을 방지하기 위해서 동체의 윗부분에는 열을 반사하는 흰색을 많이 사용했다.

미국의 아메리칸 항공은 비행기에 아무런 색깔도 칠하지 않고 금속색인 은빛 그대로 다녔던 항공사로 유명하다. 그러나 최근에 항공사 로고를 바꾸면서 다시 색칠하기 시작했다. 참고로 600대가 넘는 비행기를 가진 세계 최대 항공사인 아메리칸 항공에서 이렇게 전 비행기를 이미지 개선을 위해 도색 하는데 5년이 넘게 걸린다고 한다. 그리고 비용도 엄청나게 들어가는 프로젝트라 이벤트처럼 자주 할 수도 없는 일이다.

Turbulence—UA826

1997년 12월 한국에서는 IMF 한파로 온 나라의 경제가 꽁꽁 얼어붙은 해이다. 그때만 해도 괌이나 하와이 등 따뜻한 휴양지로 가는 항공편의 좌석 구하기가 여간 힘든 상황이 아니었다. 이웃 일본도 경제가 작년 같지 않은 불경기라 해도 해외여행으로 빠져나가는 국민을 봐서는 그렇게 보이지 않았다. 일본의 12월 말은 일 년에 몇 번 있는 황금연휴다. 연말과 신년 연휴가 합쳐 일주일가량 공휴일이다.

12월 28일 나리타에서 저녁 7시 출발해서 하와이까지 가는 미국 유나이티드(UA) 항공 826편. 연휴를 해외에서 보내려는 승객을 가득 실은 B-747 점보 비행기. 어느 항공사나 비행기가 이륙하면 나오는 첫 서비스가 식사 서비스다. 이륙 후 약 3시간 정도면 끝이 난다.
비행기가 이륙 2시간 정도 지난 태평양 상공. 가벼운 기체 요동이 있는가 싶더니, 순식간에 300m를 수직 낙하하듯 떨어졌다. 기내는 아수라장이 되었다. 통로에 서 있던 승객은 모두 천장에 머리가 부딪치고는 바닥으로 내동댕이쳤다. 그리고 선반 속에 넣어 두었던 물건들이 이 충격에 열려 쏟아져 내려 좌석에 앉아 있던 승객의 머리 위로 떨어졌다. 그리고 통로에는 식사 회수를 위해 있었던 카트(무게 약 70kg)도 역시 천장으로 날아올랐다가 바닥으로 떨어지면서 승객을 덮쳤다. 식사를 담은 쟁반은 어디로 갔는지 알 수가 없었고 통로는 이들 음식 쓰레기와 다친 환자들로 아비규환을 이루었다.

392명의 승객과 승무원 중에 100명이 넘게 부상했다. 다친 100여 명 승객 대부분은 좌석벨트를 매지 않은 승객이었고, 이들은 거의 천장까지 솟구쳐 올라갔다 떨어지면서 다친 사람들이었다. 비행기가 난기류 지역을 벗어나 진정되자, 그래도 가볍게 부상한 승무원들이 환자수습에 나서려 했으나 승무원이 돌보기에는 너무 많은 승객이 도움이 필요한 상태라 승무원도 패닉 상태에 빠졌다.

이들 중에 가장 심하게 다친 20대 일본인 여자 탑승객, 그녀는 떨어지면서 머리를 부딪쳐 뇌진탕 증세를 보이며 의식이 없었다. 기내서 의사를 불러 응급조치를 취했으나 의식은 여전히 돌아오지 않았다.

결국, 사무장의 보고를 받은 기장은 비상사태로 판단하고 출발지인 도쿄 나리타공항으로 회항했다. 나리타에 도착해서 공항 의료진의 조치를 해 보았지만, 그 승객은 결국 숨지고 말았다. 이 사고는 비행기에서 흔하게 일어나는 기체 요동(Turbulence) 사고 중에 가장 큰 사고로 기록되었다.

사고 조사 보고서에 의하면, 이 비행기가 사고 지점에 갔을 때 지상에서의 예보나 비행기의 기상 레이더에도 기체 요동이 있을 어떤 징후도 나타나지 않았다고 한다. 이날 만난 기체 요동은 맑은 하늘의 날벼락과도 같은 요동이었다. 조종사들은 이런 것을 CAT(Clear Air Turbulence)이라 부르며 맑은 하늘에서 일어나는 비정상적인 기류의 변화라고 설명할 수 있다.

즉 이 사고 지점에서 상승 기류와 하강 기류의 마찰에 의한 순간적인 진공 상태를 만든 것이다. 이런 상태가 되면 엔진의 추력으로 나는 비행기가 추력이 제로 상태가 되고 비행기는 물건이 떨어지듯이 수직으로 떨어지는 것이다. 이렇게 되어도 60m나 되는 날개가 균형을 잡아주어 전복되는 일은 없다. 그러나 기내에 고정되지 않은 물건이나 좌석벨트를 메지 않은 승객은 관성의 법칙에 따라 모두 날아올랐다 떨어진 것이다.

그래서 비행기를 타면 가장 자주 듣게 되고 승무원이 귀찮을 정도로 많이 하는 말이 '좌석벨트 매라'는 방송이다.

아래는 D항공에서 일어난 기체 동요에 대한 보고서의 일부분이다.

제목: Turbulence시 행동 지침 재강조

최근 Severe Turbulence로 인하여 승객과 승무원 부상 사례가 발생하였는바, 기체 요동 시 행동 지침을 아래와 같이 재강조하오니 철저히 준수하여 주시기 바랍니다.

▶ 2000년 4월 *일 승객 288명과 승무원 15명(운항 승무원 4명과 객실 승무원 11명)이 탑승한 KE823(서울/AKL:뉴질랜드 오클랜드)편은 Seat Belt Sign이 ON/OFF 되는 상태에서 비행을 계속하였으며, Sign ON 때마다 승무원은 Turbulence 방송과 승객의 좌석벨트 착용 여부 및 유동 물질 상태를 체크 함.

−02:15경 좌석벨트 등이 1회 점등된 이후 30여 분 정도 계속 ON 된 채 별다른 기체 동요 없이 운항이 지속하였음.

−02:45경(이륙 후 6시간 30분이 경과)에 갑자기 좌석벨트 SIGN이 2회 점등되고 약 5초 후에 크게 1회 기체가 떨어졌음.

벨트를 착용한 상태에도 머리가 선반에 부딪힐 정도로 심했으며 이런 충격으로 48H J 좌석 독서 등이 승객 머리에 깨졌고, 한편 이코노미석 후방 Galley에 세워둔 카트가 Galley 천장 Panel 3장이 파손됨.

−이 충격으로 인해 늑골 3개 골절의 중상 2명 포함 21명의 승객과 승무원 2명이 부상.

부상 승객 대부분은 좌석을 벗어나 화장실로 이동한 승객과 좌석벨트 미착용 승객이었음.

−기체 요동 직후 승무원은 바로 방송 및 객실 조명 조절, 부상자 파악 및 Care를 실시하였음. 또 객실 상황을 기장에게 보고하여 부상자 명단을 작성하였고, 오클랜드 도착 후 응급 처치 및 부상 승객은 병원 후송하였음.

설명하기 어려운 진실들

첫째: 항공기 에어컨

무더운 여름, 비행기가 이륙을 위해 활주로로 이동하는 (Taxiing) 도중에 온도가 올라가자 짜증 난 승객은 에어컨을 켜지 않느냐며 승무원에 따지는 일이 있다. 사실 작동은 되고 있지만 시원함을 느끼기에는 많이 미약하기 때문이다.

이 문제는 항공기 문을 닫고 이륙하기까지 10분 정도의 시간이 승객들이 짜증을 내는 시간이다. 비행기를 자주 이용해 조금 안다는 승객도 연료를 아끼기 위해서 그렇다, 아니면 비행기가 오래되어서 그렇다, 때로는 에어컨이 고장 나 그렇다며 의심을 하는 사람도 있다.

에어컨 상태 즉 용량이 좋은 비행기와 나쁜 비행기가 있는 것은 사실이다. 이것은 제작사서 용량 이하로 만들어서 그런 경우다. 그리고 후자 비행기를 만나면 승무원은 조금 힘든 비행을 해야 한다. 승무원들은 비행기의 고유 번호인 HL에 붙은 숫자만 봐도 그 비행기 특성을 대강 안다.

그러면 왜 최첨단 공학의 산물인 비행기가 에어컨이 제대로 안 되어 승객으로부터 의심받아야 하는가?

이유는 안전 운항의 문제 때문이다. 만약 에어컨을 최대한 켜고 비행기가 활주로로 이동하려면 엔진 파워가 많이 필요하게 된다. 그러면 연쇄적으로 엔진을 강하게 가동해야 한다. 이렇게 했을 경우 움직이는 비행기 뒤에 차량이나 기타 지상 장치물이 있다면 날아가는 일이 발생할지도 모른다. 그래서 운항 규범에 비행기가 이륙하기 전에는 엔진 출력을 규정된 범위를 넘지 않게 가동해야 한다. 비행기가 이동하는 데 최대한 힘을 주기 위해 엔진 힘을 많이 필요로 하는 에어컨에 충분한 파워를 공급할 수가 없기 때문이다.

즉 자동차가 언덕을 오를 때 쉽게 오르려면 에어컨을 끄던지 기어를 낮춰야 하는 이치와 같다고 생각하면 틀림없다. 일반적으로 에어컨은 온도 조절 말고도 습도와 환기를 하는 기능이 있지만, 비행기에는 여기에 여압 조절 기능까지 한다.

여객기의 순항 고도인 약 10km의 외부 기온은 영하 50도가 넘는다. 만약 이 외부 기온이 기내에 그대로 들어온다면 기내에 있는 승객들은 동태가 될 각오는 해야 한다.

그러면 여객기의 에어컨 시스템이 어떻게 되어 있기에 이렇게 높은 상공서도 외부 변화에 상관없이 지상과 똑같은 상태 온도와 기압을 유지할 수가 있는 것일까.

비행기는 냉난방 장치가 별도로 되어 있는 것이 아니다. 엔진으로 들어온 공기를 압축기로 압축하면 뜨거워지는데 이 고온의 공기 일부를 분리하여 열 교환기에 보내고, 공기 순환 장치에서 외부 공기를 빨아들여 냉각시킨 후 이 두 공기를 혼합하여 객실로 보내게 된다. 기내 온도 조절 패널에 온도만 입력시켜 놓으면 항상 쾌적한 실내 공기를 유지할 수가 있는 것이다.

비행기가 지상에서 활주로로 나아갈 때, 바깥 공기가 더운 여름에는 공중처럼 시원하게 되지 않다 보니, 이런 원리를 모르는 손님은 불만을 표현하는 것이다.

둘째: 제설 작업

또 하나 설명하기 어려운 일이 있다면, 겨울 탑승 중에 갑자기 내리는 눈이 비행기 동체에 쌓여 출발이 지체되고 있을 때다.

비행기에 쌓인 눈은 안전 운항에 상당히 위험한 요소다. 눈이 동체에 달라붙어 있으면 비행기를 뜨게 하는 양력이 정상적으로 일어나지 않아 이륙 도중 추락할 위험이 있다. 이렇게 동체에 얼어 있는 눈을 치우는 제설 작업을 제빙(De-icing)이라고 한다. 동체와 날개에 세척액을 뿌리는데 처음 뿌리는 것은 제빙 용액이고, 두 번째 뿌리는 용액은 눈이 계속 내려도 얼지 않게 하는 방빙(Anti-icing) 용액이다. 이런 작업이 B-747과 같은 대형기일 경우 필요한 용액은 약 1,000ℓ 정도고, 다 뿌리는데도 약 30분이나 걸린다.

이렇게 뿌려두면 어느 시간까지 기체가 얼지 않을 뿐 아니라 눈이 내려도 녹아내린다.

세계 어느 공항을 가도 이런 작업 차는 겨울에만 사용하는 장비라 넉넉하게 갖춰져 있지 않다. 만약 비슷한 시간에 출발하는 비행기가 몰려 있으면 순서를 많이 기다려야 한다. 그러다 보면 1시간 혹은 그 이상도 기다려야 한다.

이런 기다림을 방지하기 위해 시간이 될 때 미리 뿌리면 좋겠지만 살포 후 Anti-icing 액의 성능 유지 시간 때문에 그래서 항공기 이륙 얼마 전에 살포하는 이유다.

셋째: 가시거리

비행기도 기종에 따라 이착륙할 수 있는 가시거리(Visbility)가 다르다. 정상적인 날씨에는 아무 문제가 없지만, 안개나 장마철의 운무가 낄 때는 이것의 적용을 받는다. 이 가시거리에 대해서는 운항 규범에 규정되어 있는데, 대개 대형기(B-747, A-380, B-777, A-330)는 무거워 이착륙 길이가 길고, 소형기(A-320, B-737)는 짧다.

그렇다 보니 종종 이런 일이 발생하곤 한다. 소형기인 A사는 탑승하고 이륙하는데 대형기를 운영 중인 D사 운항 편은 날씨 관계로 결항이라는 안내 방송이 나오는 경우다. 이런 사실을 알 턱 없는 승객은 비행기 고장을 은폐하는 거짓말로 알고 거친 항의를 하곤 한다. 'A사 비행기는 저렇게 운항하는데 당신네 비행기는 왜 운항하지 않아'라며.

넷째: 운항 한계 체중

1994년의 7월은 기상 관측 사상 가장 무더운 여름이었다. 한 달 평균이 30도를 넘었다. 이런 무더운 날씨도 비행기의 운항에 영향을 미친다는 사실을 아는 사람은 거의 없다.

온도가 섭씨 35도가 넘으면 이륙 중량에도 영향을 받는다. 날씨가 더우면 더울수록 공기의 밀도가 희박해지고, 희박한 공기는 항공기의 뜨는 힘인 양력에 영향을 주기 때문이다. 그래서 정상적인 날씨에서는 승객과 화물을 기종에 따른 최대 중량을 실을 수가 있지만 이런 날씨에는 약 10%를 줄여 실어야 한다.

예약된 비행기를 타러 공항에 나왔는데 더위 때문에 탑승할 수가 없다는 지상 직원의 설명과 사과를 받아본 승객은 이 말을 이해할 것이다. 그 당시는 물론 화부터 치밀어 올랐겠지만. 이런 무더위의 영향을 덜 받기 위해 화물기의 출발이 대부분 밤늦은 시각에 짜여 있는 것도 이러한 이유가 있다.

자연의 위력

항공기 사고의 원인 중에는 이착륙 전후로 5분 사이에 가장 많이 발생했다는 것은 사고 통계에 잘 나와 있다. 그 외 원인이 밝혀지지 않는 사고는 대부분 자연 현상 때문이라 한다.

여행을 자주 하는 사람들이 승무원에게 자주 물어보는 질문이 있다.

'바깥에 날씨가 좋은데 왜 이렇게 비행기가 많이 흔들립니까?'

이것을 항공 용어로 CAT(Clear Air Tubulence: 맑은 날씨인데 기상 변화가 심하게 일어나고 있는 지역)라고 한다. 이것은 비행기 동체 전방에 들어 있는 기상 레이더에 나타나지 않기 때문에 조종사도 대처하기에 힘든 자연 현상이라 한다. 기장에 의하면 이런 것 외에도 여러 가지 요인들이 있다고 하는데, 이런 설명할 수 없는 자연의 힘이 조종사도 가장 두려움의 대상이라 한다. 이런 자연의 위력은 하마터면 큰 사고로 이어질 뻔한 일도 있다.

1994년 9월 **일, 로마에서 스위스 취리히로 가는 비행기. 기종은 보잉 B747-400.

이 노선은 미국 영화사의 로고로도 나오는 해발 4,478m의 Matterhorn을 비롯한 4,000m 넘는 고봉들이 줄지어 있는 알프스 산맥을 넘어가는 항로. 기내 서비스도 비행시간이 1시간 남짓이라 간단한 조식 서비스다. 승무원은 제공된 식사 회수가 이루어지고 있을 때였다.

비행기가 갑자기 밑으로 가라앉더니 비행기 앞쪽이 다시 치솟다가 다시 밑으로 떨어졌다. 그리고 기내 후미는 물고기가 꼬리를 흔드는 것 같이 좌우로도 흔들었다.

이런 일련의 일이 좌석벨트 착용하라는 신호도 없이 순식간에 일어난 일이라 기내는 아수라장이 되었다. 식사 중이던 손님의 식판이 공중으로 날아가 어디에 떨어졌는지도 모르고, 커피나 음료를 옷이나 얼굴에 덮어쓴 승객은 헤아릴 수도 없었다. 문제는 다친 승객인데, 화장실에 가려고 통로에 서 있다 공중으로 떴다가 떨어지면서 허리와 발목을 다친 승객도 여러 명 있었다. Galley 또는 식사 회수를 위해 통로에 있었던 승무원도 다쳤지만, 이런 상황에 대처가 빠른 탓에 큰 부상은 없었다.

승무원은 매년 Tubulence(기체요동)에 대한 정기 교육을 받기 때문에 승객보다는 대처가 빠르다. 승무원의 앞치마는 음식물로 얼룩지고 몸의 이곳저곳이 멍들고 아팠지만, 승객을 돌보는 일이 직업이라 이들 앞에서 아픔을 내색할 수가 없었다. 통로가 마치 쓰레기장을 방불케 하는 이 난장판을 빨리 정리해야 하고 또 다친 승객을 돌봐야 한다는 사명감에 아픔을 느낄 겨를이 없었다.

30분 후, 비행기는 취리히 공항에 아무 일도 없다는 듯 도착했다. 주기장에 있는 비행기는 양쪽에 있는 다른 비행기와 다른 모습이었다. 비행기의 코 부분은 떨어져 나갔고, 양쪽 날개에 두 개씩 있는 Headlight 1개가 깨져 있었으며, 그리고 엔진을 싸고 있는 겉면 금속이 찌그러진 모습이 맨눈으로 바로 보일 정도였다. 그리고 단단해 총알도 뚫지 못한다는 조종실의 유리도 균열(Crack)이 간 상태였다.

이런 자연 현상이 하마터면 큰 사고로 이어질 뻔한 이유는 이렇다.

모든 비행기 동체의 맨 앞에는 기상 레이더가 들어있고, 그 뒤에는 기내의 여압을 조절하는 장치도 있다. 만약 이것에 더 손상을 입었다면 갑작스러운 기압의 변화가 생기면 기내에 있는 승객들은 귀의 고막이 파열되거나 심한 통증을 느끼게 될 것이다.

그렇게 되면, 비행기는 자동으로 비상 상황임을 기장에게 모니터링되고 기장은 급강하 절차에 들어가게 된다. 이 절차는 순항 고도였던 약 9km 상공에서 안전 고도인 3km로 급강하해야 하는 비상 절차다.

공중 항공기 납치 영화에서 자주 나오는 범인이 쏜 총탄이 잘못되어 창문에 구멍을 내거나, 아니면 출입문이 파손되었을 때 갑작스러운 기압 변화로 생긴 기내 상황은 많이 봤을 것이다. 실제로 이런 일이 일어난다면 사실은 그렇게 서 있을 수가 없다. 벨트를 매지 않았다면 밖으로 빨려 나갔을 것이다. 이날 기체 동요는 생각만 해도 아찔하고 끔찍한 일이다.

이날 사고의 원인은 높은 산에서 일어나는 상승 기류와 산맥 반대편에서 일어나는 하강 기류가 만나면서 만들어진 얼음덩어리에 기체가 크게 손상을 입은 경우였다. 이 비행기는 운항 여부의 안전 점검받기 위해 이 공항에 일주일을 머물러야 했다.

10분 정도 늦게 이 비행기와 똑같은 항로로 운항했던 홍콩 캐세이퍼시픽 비행기는 어떤 피해 없이 옆 게이트에 주기해 있어 대조를 이루었다. 몇 분 사이에 두 비행기의 행운과 불운의 원인은 무엇일까를 한번 생각하게 하는 비행이었다.

비행기는 미국의 보잉 기종과 프랑스가 주축이 되어 유럽에서 제작되는 에어버스 기종이 대부분을 차지한다.

1. Airbus 기종: A380. A350. A340. A330. A320. A310. A300

2. Boeing 기종: B747. B787. B777. B767. B757. B737. B727. B707

3. 이런 다양한 비행기도 몇 가지 포인트만 알면 관심 있는 승무원은 외관만 봐도 기종의 이름을 알 수 있다.

우선, 비행기의 크기에 따라 소형 중형 대형기로 나누어진다. 대형기로 분류되는 것은 B747-400과 B747-800 그리고 A380이 동체 길이가 70m가 넘는 대형기들이다.

둘째, 날개에 달린 엔진이 2개냐 4개냐 따라 구별되지만, 그러나 크기와 외관이 비슷한 A330(엔진 2개)과 A340(엔진 4개)은 엔진 수로 구별한다.

셋째, 수평 날개가 평평하느냐 날개 끝이 꺾인 Winglet의 유무로도 구별된다. 비슷한 모양의 중형기인 A330과 B777의 구별은 A330은 윙렛이 45도 꺾여 있고, B777은 평평하다. 또 A330과 A350도 비슷한 외관이다. A350 날개의 윙렛의 크기도 크고 꺾인 각도도 90도 가까이 꺾인 것을 모르면, 일반인들이 기종을 구별하기는 어렵다.

넷째, 비행기 동체 꼬리 날개 끝 모양에 따라 구별할 수 있다. 비행기가 파킹 되어 있을 때 이 꼬리 날개 뒤쪽을 자세히 보면 아지랑이처럼 피어나는 것을 볼 수 있다. 이 속에는 APU라는 보조 엔진(비행기가 정지해 있을 때 사용하는 동력 공급 장치)이 있는데 연소 된 연기가 나가는 곳의 모양이 기종마다 다르다.

A 항공사서 운영하는 A320과 D항공사가 운영하는 A220과 B737은 일반인들이 보기에는 크기와 모양이 비슷하다. 이것의 구별은 에어버스 기종은 동체의 끝부분이 수직 꼬리 날개서 뒤로 많이 돌출되어 있다. 반면 B737은 돌출이 없다. A220과 A320의 구별은 윙렛의 모양이 다르다. B747-400과 최신 기종인 B748-800의 구별은 외형은 거의 같다. B747-800이 길이가 6m 길지만, 워낙 큰 비행기라 보고는 이 길이의 구별이 어렵다. 구별은 날개 끝부분(윙렛)이 45도 정도 꺾여 있으면 B747-400이고 없으면 B747-800이다.

1989년 6월 11일, 이때까지 개발된 항공기 가운데 최대 항속거리를 자랑하는 4세대 항공기가 보잉 B747-400을 세계에서 네 번째로 D항공이 도입했다.

이전 모델인 B747-200이나 B747-300의 조종실 계기판이 아날로그 방식이라면, 이 B747-400의 계기는 디지털 방식이었다. 첨단 항공공학이 집약된 최신형 항공기라고 칭찬이 자자했다. 구형기의 조종실에 있던 132개나 되는 계기판이 그 1/10인 13개로 줄어들었고, 284개의 스위치가 181개로, 또 555개의 경보 램프는 171개로 대폭 줄어들었다. 또 비행에 필요한 모든 정보는

CRT 모니터로 디스플레이 해주어 업무량을 대폭 줄일 수 있었다. 업무의 편리성은 기장 부기장 그리고 항공 기관사가 팀이 된 3명이 탑승했던 조종실이 기장과 부기장만 근무하는 시대를 열었다.

구형기서는 스위치로 작동시키던 객실 장비도 이 비행기에서는 컴퓨터로 제어하도록 설계되어 있었고, Galley 구조나 비디오, 오디오 시스템 그리고 화장실 등 기내 장비들도 승무원이 근무하기 편하게 설치되어 있었다. 그리고 고장이 나면 프로그램을 재 부팅해 고장을 고칠 수 있는 패널도 마련되어 있었다.

이 기종이 승객들이 느끼는 가장 큰 변화라면 기내 오락 시스템이다. 프로젝터로 상영하던 방식이 일등석과 비즈니스석에는 LCD 모니터가 장착되어 있었다. 그렇다고 새것이라 해서 무조건 좋은 것은 아니었다. 이런 장치를 조작하는데 익숙해질 때까지는 만지는데 두려움도 있어 오히려 불편한 점도 많았다. 객실 승무원들은 이런 처음 접해보는 기내 장비에 대해 단 하루 조작법만을 속성으로 배우고 현장에 투입되었다. 그러다 보니 이들 장비를 다루는데 서툴 수밖에 없었다. 가장 어려웠던 것은 시스템을 잘못 조작해서 오동작을 일으킬 때였다. 조작 미숙으로 인한 고장 아닌 고장의 단골 메뉴는 화장실과 비디오 시스템의 고장이었다. 이 비디오 시스템 고장은 장거리 비행하는 동안 승객의 지루함을 달래주는 영화 상영을 못 하게 되는 것이다. 그런 일이 벌어지면, 비행기를 자주 이용하는 승객으로부터 불만을 감수해야 하는 것은 말할 필요도 없었다.

그리고 화장실 환경도 구형과는 달랐다. 구형 비행기는 물이 내려와 오물을 씻어내는 Flushing 시스템이고, 반면 이 기종은 청소기가 먼지를 빨아들이는 원리인 Vacuum 방식으로 14개의 화장실이 컴퓨터 제어시스템이었다.

이런 첨단 화장실도 일단 문제를 일으키면 어찌할 수가 없었다. 고장은 주로 승객들이 비닐이나 과도하게 종이 수건을 변기에 버려 이런 이물질이 저장 탱크로 내려가는 하수관을 막아버리기 때문에 발생했다. 같은 라인에 있는 한 화장실이 막히게 되면, 점차 뒤쪽 라인으로 내려가며 막히지도 않은 다른 화장실까지 연쇄적으로 고장이 났다고 컴퓨터가 오판했다. 고장을 알리는 경고등이 들어오면 같은 라인의 화장실은 자동으로 작동되지 않게 되어 버렸다.

이 비행기를 도입된 지 얼마 되지 않는 1990년 초, LA에서 서울행 비행기의 모든 화장실이 고장을 일으킨 일이 발생했다. 변기에 넘치는 오물을 승무원들이 5시간 넘게 세면대에 퍼내면서 서울까지 비행했다는 눈물겨운 일화는 당시를 경험한 승무원에게 전설처럼 전해져 내려오는 이야기다. 이렇게 힘들게 했던 시행착오가 간단한 조작으로 해결되는 방법을 알게 되니 정비사만 고쳤던 간단한 고장은 승무원 누구도 조치가 가능해지는 고장이 되니 이때부터 첨단 비행기의 편리성을 누릴 수 있었다.

커피 한 잔의 실수

에^{피소드 1}
2010년 12월 3일 승객과 승무원 포함 255명을 태우고 미국 시카고를 출발해 독일 프랑크푸르트로 향하던 미국 유나이티드 항공(UA) 보잉 B777 여객기가 기장이 커피를 엎지르는 바람에 캐나다에 비상 착륙하는 소동이 벌어졌다.

이 커피는 Hijacking(공중납치)을 알리는 경보기기를 오작동시켜 관계 당국을 잠시 긴장시켰다. 5일 캐나다 교통부 보고서에 따르면 이틀 전 UA940편 여객기가 비상기기의 오작동이 일어나자 기수를 돌려 캐나다 토론토 피어슨 국제공항에 무사히 비상 착륙했다고 밝혔다. 조종사가 엎지른 커피로 오작동한 기기는 공중납치 또는 불법적인 운행 방해 활동을 알리는 '코드 7500'도 포함돼 있었다. 보고서는 캐나다 국방부가 '코드 7500'이 작동한 사실을 알고 UA 파견 직원의 도움을 받아 조종사와 교신하여, 공중 납치가 아닌 오작동인 사실을 확인했다고 했다. 미국 연방 항공국(FAA)도 조종사가 뜻하지 않게 커피를 엎지르는 바람에 이 코드가 울리게 된 것이라고 확인했다. UA 항공 대변인은 여객기 조종사는 당시 교신상에 문제가 발생하자 대서양 횡단을 포기하고 회항했다고 밝혔다.

승객들은 대체 비행 편이 제공될 때까지 많은 시간을 공항에서 기다려야 했지만, 승무원은 대체 비행기에 타고 오는 동료가 있어 다른 비행 편으로 토론토를 떠나 출발지인 시카고로 돌아갔다.

에피소드 2

2019년 2월 12일 대서양 상공을 지나던 여객기가 커피 때문에 목적지 대신 다른 공항으로 Divert 하는 일이 발생했다.

영국 항공사고 조사국(AAIB)이 최근 공개한 보고서에 따르면 지난 2월 6일 승객과 승무원 337명을 태우고 프랑크푸르트에서 멕시코 칸쿤으로 향하던 독일 Condor 항공 소속 여객기가 아일랜드 새넌 공항에 불시착했다.

AAIB는 당시 여객기의 기장이 실수로 뜨거운 커피를 쏟는 바람에 음향 조절장치인 ACP가 녹아내리고, 조종실에 연기가 차는 상황까지 발생했다.

이로 인해 부상을 입은 승객이나 승무원은 없었지만, 녹아버린 장치로 통신 장애를 우려한 기장은 결국 연료를 버리고 가까운 새넌 공항으로 회항했다.

기장은 비행 경력이 13,000시간에 달하는 베테랑이었지만, 덮개를 덮지 않은 커피를 승무원에게 건네받은 뒤 선반에 올려놓았다가 이 같은 실수를 저지른 것으로 확인됐다. 커피가 대부분 기장의 다리에 쏟아졌는데, 소량이 ACP에 들어간 것이다. 이 때문에 버튼 중 하나가 녹아내리며 조종 장치 결함과 통신 시스템 장애가 온 것으로 조사됐다.

이 사건 이후 콘도르 항공은 모든 노선에서 제공되는 뜨거운 음료에 대해서는 덮개 닫아 제공하는 한편, 조종사들은 음료를 마실 때 특히 주의할 것을 당부하는 공지문을 냈다.

하늘에서 화장실 고장

금세기 최고의 비행기라고 일컬어지는 보잉사의 747-400 점보 기가 1989년 6월 한국에서는 처음으로 D항공에 도입되어 L.A 노선에 처음 투입이 되었다.

이 비행기는 최첨단 설비라는 말에 걸맞게 모든 기내설비나 운항 장비들이 컴퓨터화된 장비를 갖추고 있었다. 지금까지 보아왔던 비행기의 기내설비와는 다른 장비들이 많았고, 특히 승무원들이 많이 사용하는 객실 장비에도 큰 변화가 있었다.

모든 조작판(Control panel)은 이전의 아날로그였던 스위치 타입에서 전부 액정 디스플레이로 바뀌어 있었다. 그런데 이렇게 모든 것이 첨단화되었다고 해서 편리한 것만은 아니었다. 실수로 조작판을 잘못 건드리기라도 하는 날에는 한바탕 곤욕을 치러야 했기 때문이다.

장거리 비행에서 영화를 상영하면서 화면만 나오고 대사는 들리지 않게 되거나, 승객들의 수면시간에 조명을 끌 수가 없는 때도 있었다. 이 기종의 운항 초기에 승객들이 준수 사항을 지키지 않아 화장실(Lavotory)의 세척(Flushing)장치가 고장이 나서 곤욕을 치르는 경우가 가장 흔한 일이었다. 변기 하나가 막히면 연쇄적으로 한 라인 전체 화장실이 막혀 사용할 수 없게 되는 일이 자주 있었다. 화장실 앞은 일이 급한 사람들로 순식간에 문전성시가 이루어졌고, 발을 동동 구르는 승객의 원성을 고스란히 들으며 비지땀을 흘려야 했던 비행도 여러 번 발생했다.

1990년 L.A발 서울행 017편. 겨울이라 서울까지는 열두 시간 이상 날아야 한다. 탑승 승객은 390명으로 만석.
이륙 후 8시간 지났을 무렵, 여승무원으로부터 화장실이 막혔다는 인터폰 연락이 왔다. 가서 확인해 보니 플러싱이 되지 않은 고장이었다. 교육받은 대로 응급처치를 시도해 봤으나 여전히 작동되지 않았다. 이 기종의 화장실은 진공 흡입식 시스템(Vacuum system)을 채택하고 있었다. 이 시스템은 변기의 오물을 압력 차이에 의한 강한 진공청소기처럼 빨아들이는 원리로 생각하면 된다. 고장은 주로 플라스틱류나 기내 담요, 아니면 화장실에 비치된 종이 수건을 휴지통에 넣지 않고 변기에 버렸기 때문에 발생했다.
조종실에서 위성 통신으로 정비 본부의 도움을 받아 조치를 해봐도 고쳐지지 않았다. 결국, 화장실 출입문에 고장을 알리는 스티커를 붙이고 그 화장실을 폐쇄할 수밖에 없었다. 이코노미석에 있는 8개의 화장실 가운데 왼쪽에 있는 4개가 폐쇄되고 반대쪽 라인에 있는 4개의 화장실로 겨우 버텨나갔다.

문제는 두 번째 식사 서비스가 끝난 후에 발생했다. 식사가 끝나면 화장실을 찾는 것은 생리적인 현상이다. 그런데 설상가상으로 남아 있던 4개의 화장실조차 고장을 일으키고 말았다. 최악의 상황이 발생하고 말았다.

화장실이 고장 났다 해서 37,000피트 상공에서 비행기를 세울 수는 없는 처지라 승무원들은 이 상황을 돌파하기 위해 이마를 맞대고 대책 회의를 열어보았지만 뾰족한 방안이 나올 턱이 없었다. 발을 구르는 승객들의 성화에 임시방편으로 할 수 있는 방안이란, '미안하다', 고칠 때까지 '기다려 달라'는 일상적인 말뿐이었다. 방법이 없다 보니 패닉상태로 가는 느낌뿐이었다.

팀장인 K사무장이 대변은 어쩔 수 없지만, 소변은 퍼내면 되지 않겠느냐는 것이었다. 생각은 하고 있어도 차마 대책으로 내놓기 어려운 의견이었지만, 다른 선택의 여지가 없었다.

네 겹 다섯 겹으로 비닐장갑을 끼고, 한 손으로는 코를 막고, 다른 손은 반으로 자른 생수병으로 악취를 풍기는 오물을 변기에서 퍼내어 세면대에 부었다. 대기하고 있던 승무원은 서너 명 승객이 사용하고 나면 청소하는 식으로.

지금 생각해보면 기억하기 싫은 끔찍한 추억이었다. 승무원들이 힘든 비행에서 서로 위로하는 모토, '비행기는 뜨면 내린다'.

악전고투의 3시간이 지나고 비행기는 이런 사정도 지나간 일로 여기며 김포 공항에 착륙했다. 며칠 후, 정비사에 화장실의 고장 원인이 무엇인지 물어보았다. 화장실에서 꺼낸 것은 휴식할 때 사용하는 담요였다고 했고 그도 몸을 덮는 담요가 어떻게 변기로 들어갔는지 이해할 수 없다고 했다.

이 끔찍한 기억도 오래되어 시간의 지평선 너머로 사라지니, 지금은 추억의 한 페이지로 남아 있다. 그러나 한 사람의 실수나 잘못으로 약 400여 명의 승객이 불편 겪는 일이 없도록, 기내서는 정해진 안전 규칙과 예의를 잘 지켜 안락한 여행이 되었으면 하는 바람이다.

기내 청소로 본 세계의 경쟁력

어떤 나라의 공항에 내려서 출입국 관리소와 세관을 통과해 보면, 그 나라의 경제 사회 문화 등의 전체적인 국민 수준을 짐작할 수 있다.

승무원들이 그 나라 사람의 생활 태도나 의식구조를 읽을 수 있는 것이 또 한 가지 있다. 그것은 비행하고 나면 다음 비행을 위해 해야 하는 일이 기내 청소다. 나라에 따라 청소 요원의 행동도 천태만상이다. 기내 청소를 잘하느냐 못하느냐는 좌석 밑이나 창 쪽 구석진 곳과 승객들이 가장 많이 사용하는 Seat Pocket 속이다. 이런 부분은 구석진 곳이라 겉으로 보기에는 표시가 나지 않는다. 그렇지만 이런 보이지 않는 곳을 가장 잘하는 나라는 일본의 공항들이다. 솔직히 말해 청소 후에 흠잡을 곳이 별로 없다. 청소 요원의 작업복도 아주 깔끔하고 청결하다. 그리고 각자가 맡은 영역-화장실, 갤리, 좌석-에서 팀

워크가 일사불란하고 행동도 재빠르다. 승무원들도 청소가 끝나면 무작위로 점검하는 곳이 Seat Pocket 인데 역시 최고다.

미국의 L.A나 뉴욕의 경우, 기내 청소원들은 결코 서두르는 법이 없다. 성미가 다소 급한 한국인의 눈에는 너무 느린 것처럼 보일 수밖에 없다. 그러나 여유를 부리며 옆의 동료와 온갖 수다와 잡담을 늘어놓으면서 일하는 것이 그들 문화인지 관리자가 있어도 뭐라고 하는 사람이 없다. 웃으며 일하는 모습은 우리의 관점에서는 분명 보기 힘든 모습이지만, 한편으로 보면 선진국의 노동 문화라 부럽게 느껴질 때도 있었다. 이렇다 보니 그들이 일본 공항처럼 집중력 있고 깔끔하게 잘하지는 못한다. 청소를 마치고 이들이 내리고 나면 승무원이 이들 지역을 다시 점검해 미비한 점을 매니저에게 알려 주는 곳이 늘 같아도 개선이 되지 않는다. 1992년 중국과 국교를 수립하면서 국교 단절까지 했던 대만 노선, 이곳 사람들은 기내 청소할 때 뭐든 대충 넘어가려는 자세가 많다. 그러니 승무원이 이들의 감시자처럼 따라다니면서 이곳저곳을 해달라며 참견해야만 했다.

중국 상해나 심양, 그리고 천진 같은 대도시 공항서는 중국 인구가 많음을 실감하게 된다. 이곳 공항에서는 다른 나라 공항보다 청소 요원의 수가 2배도 넘는 인원이 기내로 밀고 들어와 청소한다. 승객이 내리고 나면 기내 통로는 순식간에 이들 대부대에 점령당하고 만다. 인원이 필요 이상으로 많다 보니 청소하는 것도 아주 느리다. 중국 사람의 만만디를 여기서도 느낄 수 있다. 이들은 일을 빨리할 필요가 없어서인지 일하면서 동료들과 웃고 떠들며 잡담하는 걸 무척 좋아하는 것 같았다. 이들의 잡담은 목소리가 크다 보니 우리가 듣기에는 싸우는 것 같은 소음 때문에 승무원들은 정신이 혼미해진다. 지금은 아니지만, 취항 약 10년까지 심양과 칭타오 공항에 가면 기내 바닥을 청소할 때 진공청소기 대신 빗자루로 쓸어 담는 모습을 보고 이 당시 막 들어온 신입 승무원은 신기해했다.

1990년 3월 31일 취항한 러시아 수도인 모스크바의 세레메티예보 공항은 스위스 취리히로 가는 비행기의 재급유와 청소를 위해서 착륙한다. 그러면 모든 승객은 2~3시간 동안 비행기에서 내려서 공항 대기실에서 기다려야 한다. 청소하는 동안 좌석 주변에 두고 내린 승객의 수화물이 분실되는 일이 종종 발생했다. 그래서 기내 청소를 할 때, 승무원들은 잠시 쉴 수 있는 시간이 있지만 이런 일이 비일비재 하다 보니 각 구역을 나누어서 보초 서듯 분실물이 생기지 않도록 경계해야 했다. 이것은 아마도 당시 대통령인 고르바초프의 개방과 개혁 정책으로 문호를 개방하며 몸살을 앓고 있었던 생필품 부족과 여행객이 가지고 있는 물건이 고가라 탐이 나서 그랬을지도 모른다. 이 당시 공항 지점장이 기내 볼펜과 쇼핑백을 주면 좋아해서 공항 관리들에 뇌물 아닌 선물로 통했다고 한다.

서울 김포 공항. 만일 기내 청소 빨리하기 경연대회가 있다면, 말할 것도 없이 서울이 일등일 것이다. 비행기는 항상 정해진 비행 스케줄로 짜여 있다. 가끔 비행기가 지연되어 들어오면 외국의 다른 나라 공항에서는 청소에 필요한 최소 시간이 있어 시간을 당기기가 거의 불가능하다. 그러니 다음 비행도 역시 지연될 수밖에 없다. 그래서 한국보다 미국과 유럽 선진국 공항이 비행기가 도착 후 지상에 머무는 시간이 길다.

앞서 미국 공항에서 말했듯이, 이 청소 시간을 마음대로 당길 수가 없다. 그리고 청소 업체의 매니저도 노조 때문에 와서 빨리하라고 종용할 수도 없다.

그러나 서울서는 빠듯하고 불가능할 것 같아도 그 시간에 단축해서 일을 끝낸다. 400여 석이 있는 대형기인 B-747 점보기를 기준으로 보면 한 시간 정도는 걸릴 일이지만, 김포 공항에서는 삼십 분 안에 해치워 버린다. 누가 보아도 놀라울 경쟁력이다. 이렇게 빨리하다 보니 일본 공항만큼 완벽하진 못해도 그래도 잘하는 편이다. 2001년 인천 공항이 개항하고 20년이 흐른 지금, 이곳에도 노조가 있어 함부로 강요할 수가 없다. 그래도 아직 다른 나라보다는 월등히 빠르지만, 그때의 경쟁력은 따라갈 수 없는 전설이다.

비행기의 필요경비

비행기는 사실 인류가 발명한 다른 어떤 운송 수단보다 빠르고 안전하다. 요금이 다소 비싸다는 것은 비행기 자체가 고가인 탓도 있지만, 유지 운용에 따르는 제반 비용이 다른 운송 수단에 비교해서 많이 든다. 그런 비용에 관해 설명해볼까 한다.

우선 비행기가 공항에 내리면 공항에 착륙료를 지불해야 한다. 대형 기인 B-747 점보기 한 대에 백만 원이 넘는 돈을 내야하고, 김포공항에 뜨고 내릴 때는 여기에다 소음 부담금도 추가로 물어야 한다. 그리고 비가 내리거나 안개로 인해 시정이 좋지 않을 때는 배의 도선사처럼 비행기를 램프까지 유도하는 안내 차량 요금, 또 승객들이 이용할 탑승 브리지를 사용하는 데도 적지 않은 사용료를 내야 한다.

비행기가 주기장에 도착해 엔진을 멈추면, 비행기에만 사용하도록 제작된 여러 종류의 특수한 차들의 작업이 개시된다. 연료 보급,

물 보급, 그리고 화장실(Lavotory) 차, 기내에 찬바람을 불어넣어 주는 에어컨 차 또 실린 화물을 내리고 운반하는 특수 운반차 등이 모두 비용 지급을 해야 하는 대상이다.

승객들이 내리면 다음 비행을 위해 기내를 깨끗이 청소한다. 여기에도 무시할 수 없는 비용이 든다. 1990년 기준으로, 점보기 한 대 청소하는  데 20만 원 정도라 했는데 이것도 30년이 더 지났으니 인건비 상승으로 이것보다 몇 배는 더 올랐을 것이다. 청소도 기준 이외에 서비스는 추가 요금을 내야 한다. 그리고 승객에게 제공될 서비스 용품과 식사를 포함한 음식물(Catering) 탑재에 드는 비용도 만만치 않다. 이런 모든 과정이 모두 끝나야 비행기 문을 닫는다. 또 비행기는 후진할 수 없으니까 자력으로 갈 수 있는 위치로 밀어내는 푸시백 카(Pushback Car)도 사용료를 내야 한다. 그 무엇보다 가장 큰 비용이 드는 것은 목적지까지 날아가는데 엔진이 사용하는 연료비다. 그래서 국제 유가가 오르느냐 내리느냐에 따라 한 해 동안 영업을 잘하고도 항공사는 적자가 나기도 하고 흑자가 나기도 하는 아주 중요한 요소이다.

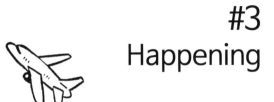

#3
Happening

지연 일지

1994년 5월 **일, 제주발 서울행 229편. 서울로 돌아갈 비행기가 정시에 도착했음을 알리는 방송이 나왔다. 통상 탑승이 이루어지는 출발 15분 전, 잠시 후 탑승이 시작될 것이라는 안내방송이 나가자 승객들은 탑승구 앞에 길게 서서 탑승구가 열리기를 기다리고 있었다. 방송이 나오고 20분이 지나고, 30분이 지나도 탑승은 시작하지 않았다. 성급한 승객은 탑승구 앞에 있는 데스크로 가서 지연되는 이유를 따지기 시작했다. 그러나 상황을 모르는 직원도 정확한 답을 하지 못했다.

잠시 후, 기체 정비로 약 20분 정도 더 지연된다는 방송이 나왔다. 그러나 약속된 20분이 지나도 탑승은 시작되지 않았다. 단체여행 그룹과 몇몇 승객을 찾는 방송이 나왔고 이 승객들을 항공사 직원이 사무실 쪽으로 데려갔다. 그 후 바로 탑승은 시작되었고, 곧이어 비행기는

게이트를 떠났다. 그런데 직원을 따라갔던 50명의 승객은 자신들만 남겨두고 비행기가 떠났다는 사실을 알고, D항공 안내데스크 앞에서 이 사실에 대한 해명을 요구하며 농성을 벌였다. 직원들이 조금 전의 상황에 관한 설명은 비행기의 구조에 대해 거의 알지 못하는 승객들의 흥분을 가라앉히기에는 충분한 설명이 되지 않았다.

이렇게 탑승해야 했던 승객을 모두 태울 수 없었던 이유는 아래와 같다. 서울에서 제주로 날아온 비행기는 292석의 에어버스사의 A-300 기종이며 비상시 탈출구는 모두 8개다. 비행기의 출입문 속에는 비상시 승객이 탈출할 수 있는 Slide(미끄럼대)와 바다나 강에 비상 착수했을 때는 Raft(보트)로 사용할 수 있는 장비가 들어있다.
비행기의 출입구를 닫으면, 모든 항공사가 맨 먼저 이 미끄럼대가 문을 열면 바로 팽창하는 상태로 변경되어야 항공기 출발이 이루어지고, 반대로 게이트에 도착해 승객 하기 전에 이 슬라이드 모드를 다시 정상으로 변경한다. 이것을 수행하라는 사무장 방송이 이 당시에는 'Crew, Door Side Standby! Slide check'이라고 했다. 지금은 짧게 'Safety Check'이라 한다.

사무장은 절차대로 이 체크 방송을 했다. 그런데 사무장은 그가 해야 할 출입문이 2개인데 오른편 것은 하고 나서, 왼편 미끄럼대의 위치 변경을 순간적으로 잊어버린 것이다.

하기 하라는 지상 직원의 사인을 받은 사무장은 출입문 핸들을 열림 위치로 돌렸다. 순간 '픽'하는 가스통이 터지는 소리가 나면서 슬라이드가 고무 튜브가 부풀어 오르는 것처럼 순식간에 펼쳐졌다. 미끄럼대가 펼쳐지면서 탑승구 트랩 위를 완전히 덮어 버리고 말았다.

이 미끄럼대를 비행기와 분리해 내는 데에도 최소 30분은 걸린다. 그러나 문제는 이것으로 끝나지 않는다. 만일의 사태를 위한 필수 장비라 슬라이드가 한 개 떼어 내고 없으니 이 한 개의 슬라이드에 태울 수 있는 정원인 50석은 비워야 한다. 이것은 ICAO(국제 민간 항공기구)의 규정이며 우리나라 항공법이다.

만약, 이 슬라이드 팽창이 이것의 재고 창고가 있는 김포공항에서 일어났다면 바로 바꾸고 모든 승객을 태우고 왔을 것이다. 그러나 이 날 운이 나빴던 50명 승객에 이런 설명을 아무리 해도 허튼소리로만 이해했을 것이다.

사무장의 이 작은 실수가 많은 승객에게 불편을 주고, 회사에도 큰 금전적인 손실을 끼친 미끄럼대 팽창은 승무원이 절대로 해서는 안 되는 실수다. 승무원 업무 실수로는 가장 엄한 벌칙이기 때문이다.

미국입국 한다는 것

1 Immigration

자유와 민주주의로 상징되는 미국. 90년대까지 우리나라 사람에게 '아메리칸드림'으로 기회의 땅이라며 선망의 대상의 나라였다. 그러나 승무원들이 이 나라 공항을 입국할 때는 서비스보다 더 신경써야 할 일이 있다.

다름 아닌 승객의 입국 서류(I-94)를 철저하게 챙겨주는 일이다. 서비스를 아무리 잘해도 입국 서류에 문제가 생겨 회사에 벌금이라도 날아드는 날이면 사무장은 징계를 각오해야 한다. 미국 시민권이나 영주권 승객은 입국 절차가 쉬웠다. 그러나 여행객이나 친척을 방문하는 승객에게는 불법 입국할까 싶어 물어보는 것도 많았고, 만약 입국 서류에 있는 미국 주소를 엉터리로 기재하거나 쓰지 않은 승객이 있으면 1인당 300불의 벌금을 항공사에 부과했다.

그래서 미국에 입국하는 비행기에서 도착하기 전에 승객의 작성 상태를 재확인하고 또 한다. 이렇게 하는데도 불구하고 평균 100명에 몇 명은 쓰고는 좌석 앞 포켓에 넣어두었거나, 잘못 기재하면 공항 직원이 출입국 직원에게 불려가서 써주곤 한다. 승무원이나 지상 직원이 이런 부차적인 일에 더 신경 써야 하다 보니 좋은 서비스에 조금은 소홀하기 쉽다는 것을 인정한다.

이렇게 소수의 승객에 대해서는 출입국 관리도 인정하며 이해하는 편이지만, 그러나 기내서 승무원들이 꼼꼼하게 확인하지 않아 평균 이상 무더기로 쏟아져 나오면 이민국 관리는 직원을 불러 함께 이런 승객들을 헤아려 벌금 부과의 자료로 한다. 천 달러 이상의 벌금이 날아오면 담당 사무장은 경위서에다 벌점은 물론이고 진급에도 불이익을 당한다.

2. Customs

약 14시간을 비행하고 오후 7시경에 뉴욕의 케네디 공항에 도착한 C 씨. 도착 후 면세품 담당 업무라 면세품에 대한 세관용 Seal 번호를 세관 직원과 같이 확인하고 맨 마지막에 비행기를 빠져나왔다. 그가 짐을 찾아 세관 부스에 도착했을 때 동료들은 모두 짐을 찾아 세관 지역을 빠져나가고 없었다. 그는 숙소로 가는 버스에 타서 기다리고 있을 동료를 생각하며 걸음을 재촉했다. 약 40분 후, 뉴욕 맨하탄 34번 가에 있는 펜실바니아 호텔에 9시경에 도착했다. 짐을 푼 후 피로한 몸을 씻어내기 위해 욕조로 향했다. 그때 전화벨이 요란하게 울렸다.

수화기를 들고 신분을 물으니 지상 직원이었다. C씨임을 확인한 직원은 거두절미하고, '세관 신고서를 세관원에 제출했느냐?'는 질문이었다. 그때야 제복 주머니 속에 접혀있음을 알았다. 세관원이 없어 그냥 나왔다는 말에, 세관에서 사무실로 다시 와서 세관 신고서를 제출하라는 말이었다. 그리고 휴대품 조사도 있으니 가져온 짐을 모두 챙겨서 오라고 했다. 또 그것 때문에 세관에서 회사로 4,000불의 벌금이 부과되었다는 설명까지.

피곤함과 졸리던 잠은 죽비에 맞은 듯 순식간에 사라졌다. 옷을 주섬주섬 챙겨입고 호텔을 나섰다. 번화가지만 위험해서 호텔에서 밤 10시가 넘어서는 동료들과 식사하러 가는 일 외에 이렇게 혼자서 외출한 적이 없었다. 또 혼자서 공항까지 가 본 적도 없어 어떻게 가야 할지도 걱정되었다. 교포들이 운영하는 콜택시를 타고 공항에 가서 기다리고 있던 직원과 함께 세관 사무실로 갔다. 아는 영어를 총동원해서 사과와 실수에 대해 양해를 간청했다. 그러나 세관원은 벌금 부과에 대해서는 어쩔 수 없다는 말만 되풀이했다. 이 이상 방법이 없다는 직원의 말에 숙소로 돌아오니 새벽 1시가 지나 있었다.

아침 11시경, 지점장의 설득과 재발 방지를 약속하며 벌금 부과는 취소되었다는 직원의 전화가 왔다. 벌금과 이로 인한 회사에 경위 설명 등으로 잠을 설쳐야 했던 C씨에게 이 한마디는 모든 근심을 날리고 숙면케 하는 수면제였다. 이처럼 승무원에게 미국은 큰 나라이지만 들어가는 문은 어렵고 좁았다. 2019년부터 승무원을 그렇게 힘들게 했던 입국 서류와 세관 서류도 없어지고 Kiosk로 대체되었다.

영화 같은 밀입국

인천 공항과 도쿄 나리타 그리고 홍콩 국제공항의 항공 보안에 구멍이 뚫렸다며 언론이 대서특필한 사건이 있었다. 미국으로 밀입국하려던 중국인 여성 세 명이 항공기 기내로 숨어들었던 비행기는, 인천 공항에서 홍콩을 갔다 왔고 다시 도쿄 나리타공항을 거쳐 미국 L.A 국제공항에 도착했다. 이들은 비행기가 50시간 넘는 시간을 이동하는 동안 한 번도 적발되지 않았다가 L.A 공항에서 결국 발각되어 진상이 드러나게 된 사건이다.

국토교통부에 따르면, 2015년 10월 29일 미국 L.A 공항에 도착한 A항공 소속 보잉 B747-400 항공기의 승무원 침실(Bunker) 천장에서 중국인 여성 3명이 발견되었다는 사실을 알려왔다. 출발지인 인천 공항에 이 사건에 필요한 정보와 조사한 자료를 요청해 온 사실을 공개한 것이다. 이들은 탑승객이 비행기에서 내리고 두 시간 후 L.A 공항

보안요원들이 계류장에 있는 항공기에 대해 기내보안 검색과 수색을 하는 과정에서 적발됐다고 한다. 초췌하고 기진맥진한 모습으로 천장의 좁은 공간에 쭈그려 앉아 있었던 이들을 한 보안요원이 발견하고 미국 세관 국경 보호국(CBP)에 인계했다. 보안 당국에 따르면 이들은 미국 측 조사 과정에서 미국 망명을 신청한 것으로 전해졌다. 미국 CBP가 한국 등에 이들에 관한 구체적인 내용을 통보하지 않아 밀입국 동기와 인적 사항 그리고 숨어 지내는 동안 무엇을 먹었는지는 관해서는 알려주지 않았다.

보안 당국이 조사한 자료로는 이들이 블라디보스토크서 탑승해 3일가량 숨어 지낸 것으로 파악되고 있으며, 아시아나 항공은 이들이 숨어 있었던 비행기와 블라디보스토크에 운항한 항공기는 A-320 기종이라 기종이 다르다고 브리핑했다. 이에 따라 보안 당국은 블라디보스토크에서 출발해 인천에서 환승을 했거나 아니면 홍콩에서 몰래 탑승했을 가능성 등에 대해서 다방면으로 조사 중이라 했다. 아시아

나 B747-400 항공기의 운항 스케줄을 보면 지난달 28일 인천 공항에서 2시간 동안 기내 청소와 보안 수색을 거쳐 홍콩 국제공항으로 갔다가 인천 공항으로 되돌아왔다. 다시 일본 나리타공항을 갔다 온 후, 28일 오후 4시 30분에 인천 공항을 출발해 한국시간 29일 오전 3시경에 L.A 공항에 도착했다. 문제는 아시

아 주요 공항에서 항공기에 대한 기내보안 검색을 철저하게 거쳤음에
도 밀입국 여성 3명이 적발되지 않았다는 점이다. 인천 공항 보안 기
관의 한 관계자는 이들 중국인은 위조여권과 위조 항공권을 갖고 있
었던 것 같다고 했다. 항공사 보안 분야에 오래 근무한 관계자는 항공
기 안에 숨어서 밀입국했다는 이 사건은 여태껏 경험하지 못한 마치
'영화 같은 일'이라고 말했다.

항공기 전문가들은 B747-400 항공기의 구조가 복잡해 사람이 숨을
만한 공간이 있을 수 있다고 설명했고, 반면 국토교통부는 미국 측
조사를 지켜보고 있고 또 아시아나 항공에 대해서는 항공기 보안 점
검을 강화하도록 행정 조치했다고 했다. 인천 공항의 한 보안 관계자
는 브리핑에서, 이들이 한국을 거쳐 미국으로 밀입국하는 과정에 중
국 브로커가 개입했을 가능성이 크다며, 그 이유로는 항공기 구조와
비행기의 운항 스케줄 까지 모두 알고 있었기 때문에 이렇게 밀입국
루트로 이용했을 것으로 가정하고 정밀 조사 중이라 했다.

뉴욕의 도둑

뉴욕에 승무원이 묵는 호텔은 Manhattan West 32번가와 7번 가가 만나는 곳에 있다. 호텔의 바로 맞은편에는 NBA와 NHL의 뉴욕 홈구장인 매디슨 스퀘어가든이 있다. 스포츠와 콘서트가 사흘이 멀다고 하며 열리는 유명한 장소다. 그래서 호텔 주변은 번잡한 만큼 좀도둑도 많은 곳이다. 버스에서 가방을 내려놓은 것도 가지고 도망가는 일도 종종 일어나곤 했던 곳이다.

1997년 4월 뉴욕을 갔다 왔던 승무원의 가방에 넣어둔 카세트 플레이어와 쇼핑한 물건들이 없어졌다는 소문이 퍼졌다. 비행기로 부친 짐에서 없어졌기 때문에 비행기에 짐을 싣고 내리는 조업사들이 이런 행위를 한 것으로 여겼다. 왜냐하면, 호텔서 나오기 전에 직접 본인 짐을 꾸려 넣었기 때문이다.

이런 부친 짐에서 분실된 사례가 많다는 승무원들의 리포트를 접하고 알게 된 뉴욕 공항 직원들이 공항에서 승무원 짐 탑재를 철저하게 감시했다. 그런데도 계속 분실 리포트가 접수되었다.

1997년 11월 **. 브리핑과 휴식을 위해 마련되어 있는 16층에 있는 Crew 라운지에 모였다. 라운지는 복도 맨 구석 방 두 개를 터서 만든 곳이다. 브리핑이 끝나자 버스를 타러 엘리베이터로 갔다. 그런데 라운지 복도를 따라 바깥에 세워 두었던 2명의 승무원 가방이 없어졌다는 것이다. 두 사람은 먼저 나간 다른 동료가 가방을 바꿔 가져간 줄 알고 앞서간 승무원을 불러서 확인했으나 허사였다. 호텔 매니저를 불러 상황을 설명했으나 매니저도 도저히 이해할 수 없다는 말뿐이었다. 두 승무원은 공항으로 갈 시간이 지나자 어쩔 수 없이 버스에 올랐다.

아침을 먹으러 가면서 들른 라운지에서 이 난리를 목격한 H사무장. 라운지 벽면을 따라 세워놓은 것이 사라졌다는 점이 의심스러웠다. H사무장은 라운지에 올라와 있는 매니저에게 라운지 맞은편 방이 수상하니 확인해보는 것이 어떠냐고 제안했다. 매니저가 방문을 두드렸으나 아무런 반응이 없었다. 투숙객의 동의 없이 열고 들어가는 것은 사생활 침입이라며 매니저는 신중하게 거부했다.

그런 의심이 풀리지 않은 H씨는 한 생각이 번개처럼 떠올랐다. 범인이라면 방안에서 바깥의 이런 소동을 알면 가방을 버렸을지도 모른다는 생각이었다. 매니저와 그 방의 밑쪽을 확인하기 위해 1층으로 내려갔다. 16층에서 떨어져 처참하게 부서진 가방의 옷가지와 다른 내용물이 이리저리 흩어진 상태로 땅바닥에 놓여 있었다.

현장을 목격한 매니저는 호텔에서 발생
한 도난 사건이라 바로 경찰에 신고했
다. 16층으로 올라와 매니저와 H사무
장은 문제의 방 앞을 5분 정도 지키고
있자 두 명의 경찰이 도착했다. 상황을
설명하자 나이가 지긋한 경찰관이 문
을 두드렸다. 얼마 전에는 아무런 반응
이 없었던 문이 살며시 열렸다. 경찰은 신분증을 보이면서 문을 밀고
들어갔다. 그리고 방을 수색하기 시작했다. 방의 안쪽 구석에는 잃어
버린 승무원 가방에서 나온 듯한 값나가는 물건들이 쌓여 있었다. 또
서랍과 옷장에는 여승무원이 귀국선물과 일상 용품들이 산더미처럼
쏟아져 나왔다.

이들의 범죄 행각은 이렇다. 이들이 가족인지는 모르겠으나 체포된
사람은 흑인 남녀 5명이었다. 이들은 라운지 벽면과 나란히 있는 방
두 개의 방을 연결해서 사용하고 있었다. 그리고 승무원이 브리핑하
는 약 20분 사이에 승무원의 가방을 방으로 가져와서 돈이 되는 것만
빼내고 다시 갖다 놓는 방법으로 털어간 것이다.

이날 두 개의 가방도 이런 방법으로 하다가 제자리에 갖다 놓을 타이
밍을 놓친 것이다. 방안에서 쏟아져 나온 물건들로 봐서 이들이 상당
기간 체류하며 훔쳐 왔다는 것을 이들 물건으로 추측할 수 있었다.
결국, 꼬리가 길면 잡히는 것.

기내 성희롱 사례

항공기 이용 고객들이 늘어나면서 기내 성추행으로 처벌받는 사례도 늘어나고 있다. 2011년 10월 **일 네덜란드 암스테르담에서 출발해 인천으로 가는 B 항공기에서 작은 소란이 일어났다. 한국인 남성 J씨가 옆 좌석 일본인 여성 가슴에 얼굴을 들이미는 장면을 승무원이 목격했다. 승무원이 행동을 자제해달라고 요청하자, 그는 오히려 잘못한 게 없다며 크게 화를 냈다. 일본인 여성도 강한 불쾌감을 표시하고 있었고, 주변 승객들도 성희롱 행동을 했다고 증언했지만, J씨는 끝까지 아니라고만 변명했다. 피해자의 좌석을 다른 곳으로 옮긴 뒤부터 J씨는 담당 승무원에게 폭언을 퍼붓기 시작했다. 항공기가 인천에 착륙한 뒤 J씨를 반긴 것은 사랑하는 가족이 아닌 공항 경찰대 수사과 경찰이었다.

2014년 4월 **일 D항공에 따르면, 지난달 25일 싱가포르 국적의

한 승객이 공항 경찰에 체포됐다. 이 승객은 싱가포르에서 출발해 인천으로 향하던 **642편에 탑승해 승무원의 치마 속을 핸드폰으로 몰래 촬영한 혐의다. 이 몰래 촬영이 승무원에게 여러 차례 발각되자 이 승객은, 본인 핸드폰이 아니라며 강하게 부인했다. 하지만 주변 좌석에 있던 한 승객이 불법 촬영을 목격했다는 증언이 나오면서 덜미를 잡혔다. 이 승객은 경찰 조사받은 뒤 싱가포르로 강제 추방되었다. 이 승객은 본국인 싱가포르서 어떤 벌칙을 받았을 것이다.

이해 7월에도 인천을 떠나 몽골의 울란바토르행 항공기에 탄 승객이 승무원에게 성희롱한 혐의로 경찰에 붙잡히는 사건이 발생했다. 그리고 4월에는 미국 로스앤젤레스에서 인천으로 오던 비행기에서 술에 취해 술을 달라고 끈질기게 요구하던 승객이 경찰에 인계됐다. 승무원이 주류 요청을 거부하자 이 승객은 승무원을 향해 영어로 심한 성적 모욕의 말을 했기 때문이다. D항공 관계자는 기내 폭력뿐만 아니라 승무원 및 승객에 대한 성추행과 성희롱이 계속해서 발생하고 있다며 이 같은 행위는 불법 행위로 개인의 망신뿐만 아니라, 더 나아가 당사국의 법적 처벌까지 받는다고 설명했다.

기내에서 큰 일을

에^{피소드 1}

1991년 11월 중순. 가을 추수도 끝난 이 무렵은 지방 공항에서 출발해 제주로 가는 비행기는 효도 관광을 떠나는 그 지역의 할머니 할아버지나 동네 사람끼리 단체여행으로 공항이 붐비게 되는 계절이다. 부산발 제주행 비행기서 일어난 일이다.

비행기가 이륙하고 5분이 지나면, 좌석벨트 착용을 알리는 표시등이 꺼진다. 그러면 승무원들은 부산하게 움직여 음료 서비스 준비로 바쁘다.

음료 서비스하는 도중, 70대로 보이는 할아버지가 기내 통로를 막으며 화장실 위치를 물어왔다. 승무원도 음료 서비스에 바쁜 나머지 습관대로 앞쪽에 있다는 말과 함께 손으로 그 방향을 가리키며 음료 서비스에 열중했다. 이때 비행기는 지금은 퇴역하고 없는 Airbus-300

기종으로 외관이 A-330과 비슷하며 화장실은 맨 앞과 맨 뒤에 있다. 서비스를 끝내고 갤리로 들어가기 위해 닫혀있던 커튼을 열었다. 커튼 바로 뒤에 서 있던 할머니가 양팔을 대자로 벌리면서 들어가지 못하게 막는 것이다. 왜 그러냐고 했으나 다짜고짜로 지금은 안 된다며 막았다.

잠시 후, 반대편 통로(aisle)에서 서비스를 마치고 두 여승무원이 갤리로 들어왔다. 갑작스러운 모습에 놀라며 비명과 함께 코를 감싸며 뛰어나왔다. 더 지체할 수 없었던 상황이라, 할머니를 비켜서 들어갔다. 커튼을 여니 할아버지는 일어서서 한복 바지를 막 추스르는 중이었다. 이상한 냄새는 겔리 커튼과 함께 진동하고 있었다. 냄새 진원지는 할아버지 옆에 놓인 우유 박스였다. 당시 음료 서비스를 위해 탑재된 200㎖ 우유를 담았던 박스.

할머니가 승무원에게 미안하다며 설명한 사연은 이렇다. 조종실 입구 양쪽에 있었던 화장실을 찾지 못하자 급해진 할아버지는 마침 커튼이 쳐져 어두운 갤리 바닥에 있는 우유 박스를 보고 여기에 큰 것을 본 것이다. 인생의 반려자인 할머니에게 망을 보게 하고서.

에피소드 2

이번에는 서울에서 시드니 가는 비행기에서다. 이 비행기는 서울서 밤 9시에 출발하는 비행기다. 이륙 후, 식사 서비스와 면세품 판매를 마치면 자정쯤이 되고 이때는 승객도 잠에 빠지는 휴식 시간이라 영화 상영이 시작된다. 기내는 스크린화면서 반사되는 빛과 책이나 신문을 보는 좌석의 독서등 불빛 빼고는 암흑세계가 된다.

이때는 승무원도 기대하던 휴식 시간이라 두 조로 나누어 약 2시간 정도 휴식을 취한다. 근무하는 승무원도 이때는 별다른 일이 없다 보니, 갤리를 오가며 수다를 떠는 경우가 많다. 입담이 좋은 승무원이 있는 곳에 자연히 사람이 모이게 되고, 그곳에서 온갖 세상사로 화제의 꽃을 피우게 된다. 오늘처럼 암흑 속에서 졸음이 오는 시간을 보내야 하는 야간에서는 더욱 그렇다.

이날은 모두 앞쪽 두 번째 갤리인 비즈니스 갤리서 앞쪽 일등석에서 가져온 음식을 먹으며 시간 가는 줄도 모르고 수다 삼매경에 빠졌다. 휴식의 반 정도 지났을 시간, 이코노미석에 근무하는 여승무원이 갤리로 뛰어와서 설명도 없이 큰일 났다며 이곳에 있던 사무장을 따라오라고 했다. 갤리 커튼을 열고 들어가자 남자로 보이는 승객이 불이 꺼진 갤리에 쭈그리고 앉아 있었다. 또 갤리에 들어서는 순간 지독한 냄새가 진동해 이 승객이 지금 무엇을 하고 있는지 금방 알 수 있었다. 참으로 어이가 없는 일이 눈앞에 벌어지고 있었다.

이 승객은 자신이 무엇을 잘못했는지 모르고 승무원을 보고도 놀라지 않은 채, 오히려 화장실 문을 왜 여느냐며 삿대질을 해댔다. 말이 꼬이는 것으로 봐서 이 승객은 술에 만취된 상태임을 알 수 있었다.

추측하건대, 이 승객은 술 취한 상태에서 화장실을 찾다 좌석 가까이에 있는 깜깜한 갤리를 화장실로 착각하고 들어와 그 일을 본 것이다. 언론에 알렸다면 해외 토픽에나 나올 법한 어이없는 사건이었다.

이 일을 만든 주인공은 이름만 대면 알 수 있는 세계적인 컴퓨터 회사 직원이었으며, 해외 연수차 시드니로 가는 길이었다. 아직도 술판이 끝나지 않은 듯 이들 일행의 테이블 위에는 맥주 캔과 안주들이 어지럽게 놓여 있었다. 이런 사실을 알려 주었을 때 일행 중의 누구도 이 사실을 믿으려 하지 않았다. 현장 확인을 시켜 주기 위해 통로에 앉은 직원을 데려와 이 장면을 보여 주었다.

사무장도 이 현장을 보고는 흥분하며 상식을 벗어난 이 일은 간과할 수 없다며 증거를 위해 현장 사진을 찍은 후 연장자를 불렀다. 이들에게 경각심을 갖도록 할 의도로 매스컴에 제보하겠다 했다. 그러자 자신들이 이것을 치우겠으니 없었던 일로 해 달라고 간절하게 요청했다. 이 창피한 사건은 없었던 일로 일단락이 되었다. 동료의 한 고생은 몰라라 하며, 이 사건의 주모자는 세상모르게 잠에 떨어져 있었다. 다음 날 아침, 시드니에 도착했을 때, 이 승객은 동료로부터 어젯밤의 일에 대해 전해 들었는지 작별 인사를 보내는 사무장의 얼굴을 외면하며 달아나듯 출입문을 빠져나갔다.

1980년대 중동 붐이 있을 때부터 취항하고 있는 사우디의 제다와 수도인 리아드 노선. 이 노선은 이슬람 국가라 알코올에 대해서 상당히 엄격한 나라다. 주류 서비스도 이 나라의 영공을 지나고 나서 서비스해야 한다. 이들 두 공항에 도착하면 술이 들어있는 카트는 규정에 따라 이에 해당하는 빨간색 Seal을 반드시 해야 한다. 취항 초기 Seal을 하지 않아 세관 직원에 발견되어 벌금은 물론 그 카트 채로 압수당한 사례가 있어 회사서도 재발 방지에 크게 신경 쓰는 공항이다.

그렇게 10년 이상 이런 문제는 없이 잘 운항했다. 그런데 Seal이 안된 주류 카트가 세관 직원에게 발견되었다. 만약 이 주류 카트가 압수되면 서울로 들어오는 중동 근로자에게 맥주나 양주 등 술 서비스는 하지 못한다. 술을 마시다 걸리면 율법에 따라 바로 감옥으로 보낸다는 이슬람 국가 사우디에서 최소 1년 이상을 금주하며 가족과 떨어져 외로움과 중노동을 마치고 귀국하는 승객들에게 술 한 잔을 서비스하지 못하는 상황이 벌어진다면, 기내는 이들의 분노가 소동으로 발전될 가능성도 충분히 있다. 이런 실수는 앞서 말한 대로 벌금과 카트 압수 그리고 승객들의 이런 행동이 실제로 일어나 회사에 보고된다면 사무장은 큰 벌칙을 받았을 것이다.

이 비행기의 책임자인 사무장은 아랍어를 전공한 P 사무장이었다. 영어가 거의 통하지 않은 세관 직원에 사무장은, "나도 이슬람 신도다."라는 말을 아랍어로 유창하게 말했다. 그러면서 이 난관을 위해 할 수 있는 일은 모두 해보자는 심정으로 무뚝뚝한 표정의 이 관리에게 대학 시절 외워두었던 코란의 몇 구절을 막힘없이 말했다. 다 들은 그 관리는 친구라며 친숙하게 악수하고 비행기를 나갔다. 회사에 알려지면 공동 책임이라 누구도 자유로울 수 없다는 생각으로 불안에 떨었던 승무원들은 큰 난제를 아무런 문제 없이 해결한 사무장을 영웅처럼 바라보았다. 무엇이든 공부하고 배워 놓으면 언제 어디선가는 사용할 곳이 있는 것 같다.

땅콩 때문에

미국에서 땅콩 더 안 준다며 난동을 부리는 승객 때문에 비상 착륙한 사건이 일어났다. 실제 땅콩 회항이 2014년 12월에 D항공에서 일어난 지 6개월 지나 대서양 상공을 지나던 비행기에서 이것으로 인한 승객의 난동 탓에 회항해 비상 착륙했다. 이로 인해 6억 원이 넘는 손실이 발생했다. 현지 날짜 2015년 6월 **일, 로마에서 시카고로 향하던 유나이티드 항공에서 벌어진 일이다. 이륙 후 15분 여전히 좌석벨트 등이 켜진 상태에서 미국 버클리에 사는 제레미야 시드라는 남성이 일어나며 땅콩이나 스낵을 달라고 요구하기 시작됐다. 승무원이 잠시 후에 주겠다고 했으나, 그는 그 말에도 아랑곳하지 않고 계속 서 있자 땅콩 몇 봉지를 받은 후 앉았다.

그 후 10분 정도 지나서 다시 일어나 더 달라고 요구했다. 여승무원이 다른 승객들도 있으니 남으면 주겠다고 하자, 그는 욕설을 써가며

"내가 원하는 만큼 주란 말이야."며 크게 소리쳤다. 이 과정에서 여승무원에게 완력을 행사했다 한다. 승무원들은 곧바로 기장에게 이 사실을 알렸다. 주변 승객들도 불안감을 느끼긴 매한가지였다. 계속 일어났다 앉기를 반복하면서 짐칸을 열곤 했다. 화장실도 빈번하게 들락거렸고 통로를 막기도 했다. 기장은 만약의 사태에 대비하기 위해 이 승객 주변에는 남성 승객으로만 앉도록 했다. 스코틀랜드를 지나 대서양으로 접어든 상태였지만, 이 상태로 안전 운항이 불가능하다고 판단한 기장은 결국 기수를 돌리기로 했다. 가장 가까운 공항이 북아일랜드 벨파스트서 32㎞ 떨어진 Aldergrove 공항이었다. 안전한 착륙을 위해 항공유 5만 리터를 버렸다. 그는 비상 착륙 후 곧바로 공항 경찰에 연행되었다. 이것으로 승객들의 고난이 끝난 게 아니었다. 바로 목적지로 출발하는 경우 조종사들의 연속 근무 시간 제한 규정에 위반이 되어 더는 비행할 수 없었다. 그래서 교대할 조종사가 없어 이 비행기는 다음 날에나 이륙 가능했다. 탑승객 280여 명은 주변엔 변변한 숙소도 없어 269명은 공항 터미널 맨바닥에서 잠을 자야 했다. 3일 후 보석 법정에서 '이번 회항으로 인한 손실액만 30만 ~35만 파운드(원화 약 6억 원) 이상일 것'이라며 "탑승한 승객에게도 보상해야 한다."고 판결했다. 시드 측 변호사는 "조종사가 과잉 반응을 보인 것"이라며 항변했지만, 판사는 보석을 불허했다.

승무원이 일반 직장인과 다른 근무 형태 중 하나가 '대기 (Standby)'라는 것이 있다. 회사에 출근해서 하는 대기와 집에서 하는 대기가 있다. 근무해야 할 승무원이 갑작스러운 어떤 상황이 발생해 자신이 근무해야 할 비행을 할 수 없는 경우를 대비해서다. 교통사고를 당할 수도 있고, 갑자기 병이 나거나 아니면 가족이 위급한 일이 생기는 경우가 대부분이다. 이런 경우를 대비해서 대기하고 있던 승무원이 근무에 바로 투입되어 근무 공백 없이 하기 위한 근무 방법이다.

1994년 3월, 오전 6시부터 10시까지 회사에서 대기 근무였던 나는, 새벽 5시 50분에 승무원 대기실에 도착했다. 이런 이른 시간에 비행에 불려갈 일은 없을 것으로 생각하며 제복으로 갈아입지도 않고 평상복 차림으로 TV에서 흘러나오는 아침 뉴스를 보고 있었다.

7시 30분. 동기와 함께 아침 식사를 위해 식당으로 갈 참이었다. 막 출입문을 나서는데 스케줄 담당자가 대기실로 뛰어와 나를 급히 찾았다. 만나자마자 제주행 7시 50분 비행기를 타라는 말이었다.

내가 갑자기 근무에 투입되어야만 이유는 이러했다. 선배인 K씨의 어머니가 새벽에 돌아가셨는데 K씨가 제주서 Layover하고 있으면서 이 소식을 들었다. 그래서 장례를 위해 서울로 오게 하고 나머지 비행을 나보고 마무리하라는 설명이었다. 이 비행기를 놓치고 다음 편을 타게 되면 제주서 내가 맡아야 할 비행기가 지연된다는 설명도 덧붙였다. 나는 갑자기 바빠졌다. 바지만을 갈아입고, 나머지는 가방에 넣어서 그냥 정신없이 국내선 청사로 달렸다.

겨우 탑승구에 도착했다. 그런데 비행기는 탑승 브리지와 분리 후, Pushback(비행기를 게이트서 밀어내는 작업)이 진행 중이었다. 지상 직원이 무선 통신으로 기장과 연락해서 이런 사정을 알렸다. 기장은 지상 직원에게 나를 비행기 밑에 있는 정비사에 데려오라고 했다.

Pushback을 마친 비행기는 그 자리에 정지하고 있었다. 정비사는 나를 앞바퀴인 Nosegear로 데리고 갔다. 그리고 사다리를 타고 조종실로 올라가는 방법을 가르쳐 주었다. 올라가면서 나의 뇌리에는, 비행기 납치와 관련된 영화라 인상 깊게 봤던 'Passanger 57'이라는 영화의 한 장면이 스쳐 갔다. 주인공 웨슬리 스나이퍼가 납치범들을 잡기 위해 활주로를 이동 중인 비행기의 Nosegear를 타고 기내로 잠입하는 장면이다. 비록 움직이는 비행기는 아니지만, 내가 이처럼 실감 나게 그 영화의 한 장면을 실연해 볼 줄은 꿈에도 몰랐다.

유령소동

1989년 7월 27일 801편이 리비아의 트리폴리 공항에 착륙 중 추락 사고로 70여 명의 승객이 사망하는 사고가 발생했다. 이 사고로 승무원도 여러 명이 유명을 달리했다. 이 사고 후 서너 달이 흘러 사고의 기억이 점차 잊어 가고 있을 즈음. 여승무원들 사이에 사고로 사망한 남승무원이 비행기에 나타난 것을 봤다는 소문이었다.

이때는 1989년 6월에 세계에서 네 번째로 도입한 보잉 점보 B747-400 기종이 운행되고 1달가량 지난 때였다. 승무원에게 이 비행기의 가장 큰 특징이라면 비행기 우측 끝부분 2층에 Bunker가 있는데 장거리 비행에서 승무원이 누워서 쉴 수 있는 침대가 설치되어 있는 공간이다. 이 비행기 말고는 장거리 비행 휴식 때 승객과 똑같이 좌석에 앉아 쉬었다. 이것과 비교하면 호텔과도 같은 시설이다.

소문의 시작은 서울발 L.A행 018편. 이 B747-400 비행기를 최초로 투입한 노선이다. 휴식을 마치고 맨 마지막 여승무원이 이곳을 정리하고 벙커에서 계단을 내려오기 위해 발을 디딜 즈음. 죽은 남승무원의 환영이 나타나 무슨 말을 하려는 표정 같았다는 말이었다. 그래서 이 여승무원은 너무 놀라 급히 여기를 빠져나왔다는 소문이었다.

그 후 따른 비행 편에서도 이것과 비슷한 소문이 돌았다. 소문은 승무원들의 입을 건너면서 전하는 사람의 추측이 들어가면서 더 증폭되었다. 그러자 승무원들은 이것이 소문 아닌 사실로 믿는 사람이 많아져 갔다. 그리고 20대는 유령이나 귀신에 대해 무서워하는 세대라, 이런 괴담에 무서움이 많은 승무원은 벙커에 가는 것이 무서워 가지 않고 승무원 좌석(Jump Seat)에서 잠깐씩 졸다 오는 것이 전부였다. 이 해프닝은 약 6개월 가까이 가다 없어졌다.

이 소문이 잊힐 무렵, 이번에 유령이 나타난 무대는 승무원이 투숙하는 하와이 와이키키호텔. 이번에도 트리폴리 사고로 죽은 여승무원이 소복을 입고 나타난 모습을 자다 일어났는데 봤다는 소문이었다. 소문의 진원지가 된 방 번호까지 거론되며 제법 신빙성을 더하며 퍼져 갔다. 이 소문에 겁많은 승무원은 그 방을 배정받으면 프런트에 바꿔 달라고 했다. 불가피하게 여유 방이 없게 될 경우, 무서워 잘 수 없어 먼저 와 있는 동기나 같이 온 후배와 함께 쓰기 위해 야단법석을 떨었다.

음식물 공중 투기

$1$994년 5월, 서울에서 발행되는 모 일간지에 항공기들이 착륙 전에 음식물 찌꺼기를 여러 해 공중에서 떨어뜨리고 다녔다는 기사가 실렸다.

이 기사는 항공로 주변인 양천구 신월동 일대의 주민들로부터 이물질이 널려있는 빨래에 붙어 잘 지워지지 않았고, 그리고 주차된 자동차에도 이런 물질이 달라붙어 있다는 주민들의 민원에 교통부(지금은 국토교통부)서 조사한 결과를 근거로 한 기사였다. 이곳 주민들은 상공을 나르는 항공기들이 떨어뜨린 것으로 의심하고 있었다.

계속되는 이런 진정에 관계 당국인 교통부도 조사에 나섰고, KIST에 이 물질의 분석을 의뢰했다. 분석 결과 이 물질은 당분과 지방이 포함되어 있어 항공기의 주방 배수구에서 버려진 찌꺼기일 가능성이 크다는 의견을 제시했다. 이 물질은 항공기에서 버려진 주스나 커피 등의 음료가 배수관에 쌓여 있다가 비행기가 고도를 낮출 때 기압 차이로 항공로 주변인 이곳 상공에서 배출된 것으로 추정했다.

결국, 교통부는 김포공항 관리공단과 국내의 두 항공사의 관계자를 불러 '낙하 물질 대책 회의'를 열고, 항공사들은 앞으로 이곳 항공로 상공에서 착륙 전에 음식물 찌꺼기를 버리면 규정 위반임을 행정 명령으로 알렸다. 그리고 주민과 교통부 직원이 합동으로 조사반을 만들어 이 지시의 이행 여부를 감시했다. 불시에 항공기가 도착하면 Drain 마스터(물이 버려지는 곳)에서 흘러나오는 내용물을 추출해서 사용 여부를 체크까지 해갔다. 이 과정서 사용이 적발된 항공사는 경고받기도 했다

이처럼 엄격하게 감시하고 있음에도 불구하고 낙하 물질은 줄어들지 않았다. 주민들의 계속되는 항의가 빗발치자, 교통부는 더욱더 강경한 행정 명령 즉 이후에 적발되는 회사는 상당한 액수의 벌금을 물리겠다는 내용이었다.

항공사들도 이것에 대비하기 위해 음료가 버려질 수 있는 배수구를 모두 막아버렸고 항공기가 착륙하기 30분 전부터는 화장실 사용조차 할 수 없게 해 버렸다. 이런 비상조치를 했음에도 불구하고 낙하물은 사라지지 않고 계속되었다.

지금은 물 이외는 어떤 음료도 배수구를 통해 버리지 않지만, 이 당시는 음료 서비스하고 남은 주스나 커피 등은 착륙 전에 공중에서 버려 배출시켰다. 그러나 이런 액체는 공중에서 미세한 물방울로 되어 지상에까지 떨어지지 않는다. 더구나 신월 3동 근처에 도달할 때는

착륙을 위해 Landing 바퀴가 나와 있는 상태라 착륙이 3분도 남지 않은 시각이며, 승무원은 모두 착석해 있는 상태다.

서비스하고 남은 음료수는 착륙 공항에 접근한다는 신호인 15분(Approaching Sign) 전에 처리된다. 그러니까 이곳에 이르기 훨씬 전이라 신월동 상공에서 음식물을 버릴 수 있는 시간도 장소도 아니었다.

그런 규제와 감시 속에 승객도 승무원도 불편한 6개월 정도 흘렀다. 12월 **일, 막혀있었던 Galley 내 배수구 차단 커버가 모두 제거되어 있었다. 이제는 사용해도 좋다는 표시다. 그 허락은 주민들의 끈질긴 민원에 의해 실시된, 이 정체를 알 수 없는 성분의 분석 결과가 나왔기 때문이었다.

남은 음료를 버리지 않았음에도 불구하고 계속되는 민원에 의문을 품은 교통부는 서울대학교, 항공기 제작사인 보잉과 에어버스, 그리고 미연방 수사국(FBI)에 이 물질의 정밀 분석을 의뢰했다. 그 물질은 '꿀벌의 분비물'이라는 분석 결과가 네 군데 기관 모두에서 나왔다. 이 큰 소동을 일으킨 낙하 물질은 바로 꿀벌의 분비물인 꽃가루와 밀랍이었다.

분석 결과물을 받은 교통부는 이들 민원 대상 지역 주변을 조사한 결과, 양천구 신월 3동과 구로구 고척동 여러 곳에서 100개가 넘는 양봉업자의 벌통을 찾아냈다. 이렇게 해서 일 년 가까이 끌어오던 미스터리 했던 사건은 비로소 막을 내리게 되었다.

특이한 승객 불만-VOC(Voice Of Comment)

VOC는 탑승했던 승객들이 회사에 어떤 제안을 하거나 승무원들의 근무인 서비스에 대한 호불호에 대한 고객의 소리다. 모든 항공사가 이것을 운영하지만 대부분 참고 자료로 운영하는 경우가 대부분이다. 반면 어떤 항공사는 직원의 잘못에 대해서는 징계를 가하는 수단으로 사용한다.

1. 복수의 서신

이 서신은 전직 승무원 출신이 쓴 경우가 많다. 승무원일 때 1년 동안 같은 팀이 되어 근무하면서 유달리 힘들게 하면서 스트레스를 많이 주었던 선배 승무원에 한풀이 성격으로 올리는 경우다. 사직 후 이 시니어가 타는 비행기를 타고 가면서 이 승무원의 일거수일투족을 보고 약점을 잡아, 그 서비스에 대한 불만의 소리를 조금 과장해서 쓰는 것이다. 승무원 출신이라 업무에 대해 잘 알아 약점 찾기란 식은 죽 먹기다.

2. 승객의 자율적 판단

옆에 앉은 승객이 외국인이고 환승이었다. 대화를 통해 옆 승객의 일정을 보니 일본으로 환승 승객이었다. 이 승객은 환승객도 한국 입국 승객과 똑같이 입국 서류를 쓰는 줄 알고 서류를 주지 않았다고 서신을 쓰곤 한다. 또, 식사 서비스 때 승무원이 깜빡하고 지나쳐 옆 승객에게 음료를 제공하지 않았다는 VOC를 보내는 승객도 있다.

3. 제복을 입고 술집이나 식당 출입

사실 승무원은 제복을 입고 공공장소나 식당 등에 출입하기가 매우 조심스럽다. 제복이라 다른 사람의 눈에 잘 띄기 때문이다. 이런 곳에 갈 때는 상의에 점퍼나 재킷으로 거의 다 가린다. 그러나 여승무원의 경우 머리 스타일이나 화장한 모습이 일반 직장인과는 금방 구별되어 승무원임을 바로 알아차린다. 이런 장소에서 본 사실을 회사로 VOC로 보내는 경우다. 이런 경우는 이름이 밝혀지지만 않으면 찾아서 처벌하기가 힘들어 전 승무원에게 주의하라며 공지로 띄우고 끝나는 경우다.

4. 승무원 Anti 세력에 의한 불만

연예인의 팬 카페는 대부분 좋아서 모이지만, 반대로 안티 카페도 있다. 승무원에 대해서도 험담하고 질투하는 안티 카페도 있다. 이들이 비행기를 이용한 후 흥을 보는 내용은 대게 주관적인 견해가 많다. 승무원의 외모나 용모에 관한 평가를 하는 경우가 가장 많다. '화장이 화류계 여성 같다', 아니면 '살이 쪘는데 어떻게 승무원이 되었지', '키가 저렇게 작은데 어떻게 입사했지'라는 등이다. 때로는 출퇴근 리무진 버스서 통화를 오래 했다는 것도 있고, 공항서 걸어가면서 통화하는 것까지 눈살 찌푸린다며 회사에 알려준다. 이들은 승무원이 되려다가 실패한 경험이 있는 사람인 것 같다는 VOC를 처리하는 담당자의 말이다. 이들의 한 가지 특징은 승무원 업무에 대해 제법 잘 아는 척하며 승무원이 주로 쓰는 용어를 쓰면서 불만을 하는 특징이 있다. 승무원이 예쁜 여성들이 많이 모인 직업군이라 연예인과 비슷해서인지 일반 여성과 미모에 대한 경쟁자며 질투의 산물이 이런 불만으로 접수되는 것이 아닌가 싶다.

버버리 사건(괘씸죄)

일상생활을 하면서 가장 흔하게 겪는 법 위반이 교통 법규 위반을 하는 경우다. 교차로 멀리서 파란 신호 등을 보면서 속력을 내는데 진입 순간 신호등이 바뀌었다. 마음의 갈등을 느끼면서 급브레이크로 멈추거나 아니면 위반인 줄 알면서 교차로를 지나치는 것이다. 이때 뒤에 따라오던 차도 위반하면서 지나갔다. 그런데 교통경찰은 유독 나를 신호 위반으로 잡았다면 대게 두 부류의 사람으로 나누어진다.

한 부류는 위반을 시인하면서 처분을 기다리던가, 아니면 범칙금이 싼 것으로 해달라고 한다.

다른 부류는 뒤에 따라온 차도 위반했는데 왜 나만 잡느냐며 억울하다며 따지는 경우다. 전자의 경우 교통경찰도 사람에 따라 미안한 마음이 있어 정말로 싼 범칙금으로 해주는 경우가 종종 있다. 반면,

후자의 경우 법규 위반한 것이 사실인데도 불구하고 본인 책임을 물 귀신 작전을 펴는 게 미워서 원칙대로 해버린다. 범칙금에 벌점까지 부과하면서.

이런 비슷한 사례가 공항에서 항상 만나는 승무원과 세관 사이에도 종종 벌어지는 일이다. 행정도 선진화되면서 우리나라도 성실 신고제도가 있어 신고할 물건이 있는 여행객과 신고할 물건이 없는 여행객을 구별해서 세관 부스를 통과하게 된다. 그러나 밀수 사건이 적발되거나 마약 반입 첩보가 있을 때는 X-ray를 통과해서 의심스러운 물건이 있으면 가방을 열고 검사를 받아야 한다.

이런 기간이거나 아니면서 특정 날을 정해 모든 승무원을 X-ray 검사대를 통과시키는 일도 있다. 이때 승무원 면세 한도인 품목당 2만 원 이하에 총구입액이 10만 원 이하 규정을 넘으면 모두 압수된다. 이런 날은 운이 나쁜 날로 치부하고 그냥 아무 항변 없이 나오는 것이 승무원에게 내려오는 불문율이다.

문제는 여기서 발생한다. 종종 정의감이 넘치는 승무원이 이런 행위가 부당하다며 세관 직원에 따지거나 대들곤 한다. 이렇게 세관과 문제가 발생하면 다른 승무원이 대신 피해를 보게 된다. 이런 문제 중에 가장 크게 문제가 되었던 사건 하나를 소개한다.

지금은 아니지만, 런던에 가면 승무원들이 꼭 들르는 장소가 있었는데 버버리(Burbury) 공장이다. 시내에 있고 전철로 1시간 이내에 갈 수 있는 곳이라 편리하다. 오픈하는 시간이 되면 먼저 들어가서 선점하려는 관광객으로 장사진을 이룬다. 이 공장 옆에는 지금의 아웃렛 형태로 자사 브랜드를 싸게 파는 Shop이 아주 넓고 크게 있는데, 입사한 1987년 이전부터 운영하고 있었다.

이 제품들은 약간씩 하자가 있는 물건이라지만 일반 사람이 봐서는 하자를 좀처럼 찾을 수 없는 그런 물건이었다. 백화점 제품과 다른 점이라면 안감에 붙어있는 브랜드 위에 검은색 유성펜으로 한 줄 그어 놓은 줄이다.

주로 사는 물건은 티셔츠, 핸드백, 스카프 그리고 가장 많이 사는 것은 이 브랜드의 코트다.

1996년 10월 **일. C 사무장 팀이 런던에 갔다. 1년 혹은 몇 년 만에 온 사람이 많아 팀원 대부분 이곳으로 쇼핑 갔다. 승무원들이 사 오는 이 코트가 백화점에서 100만 원 이상 하는 고가품이라 1인당 면세 한도인 400불을 초과해 일반 승객도 반입 시 반드시 신고해 세금을 내야 하는 품목이다.

그러나 여기서는 40% 이하의 가격에 살 수 있을 만큼 저렴하다. 세관도 승무원이 이곳 공장에서 싸게 사는 것을 어느 정도 알고 있어 1개 정도 반입하는 것은 대부분 봐주는 편이었다.

이 팀이 김포공항에 입국할 때 세관의 짐 검사는 까다롭지 않았다. 먼저 짐을 찾은 승무원은 세관 검사대를 무사히 통과하고 청사 2층에서 회사 버스를 기다리고 있었다.

First 클래스와 Business 클래스의 고가 서비스 물건을 인계하느라 다소 늦게 세관에 도착한 두 여승무원, 이곳에서 짐을 검사받기 위해 가방을 풀었다. 옷가지를 넣어 다니는 가방의 보조 지퍼를 열었다. 여기에 나온 것은 B 브랜드의 코트. 세관은 유치를 명령했다. 이 승무원은 통관시켜 주길 애원했으나 세관원의 자세는 요지부동이었고, 오히려 승무원이 면세 규정도 모르느냐며 면박을 주었다. 화가 나서 분을 삭이지 못한 이 여승무원은 해서는 안 될 말을 하고 말았다.

"다른 사람들도 샀는데 왜 나만 빼앗습니까?"

이 말에 화가 난 세관원은 조금 전 통과했던 동료 승무원 모두 휴대한 짐을 가지고 세관 사무실로 올 것을 회사로 알렸다. 회사 버스를 기다리고 있던 승무원들은 회사의 연락에 '무슨 일이지?'라며 서로를 쳐다봤지만 아무도 사실을 아는 사람은 없었다.

방금 지나왔던 세관 사무실로 들어갔다. 온 순서대로 한 사람씩 다시 검사가 진행되었다. 다른 승무원의 가방에도 구매한 코트가 하나씩 줄줄이 나왔다. 코트만 10벌이 넘게 나왔다. 평소에 이렇게 적발이 되어도 압수가 아닌 유치시킨 후, 다음 국제선 비행 때 찾아 나가서 다시 가지고 오면 되었다. 그러나 이날은 그동안 해주었던 관용은 없었다.

문제는 이것으로 끝나지 않았다. 과다 쇼핑한 10명은 회사에 명단이 통보되었다. 이 명단에 오른 승무원은 규정 위반 – 과다 쇼핑에 대한 경위서와 '부서장 경고나 견책'을 받았다.

바비킴 사건의 진실

  예인이나 공직에 있는 사람은 행동과 말을 조심해야 한다.
 문제가 생기면 일반 사람의 몇십 배 여론의 몰매를 당하고
정신적인 손상을 받기 때문이다.

2011년 MBC에서 인기리에 방송되었던 '나는 가수다'에서 독특한 창
법으로 실력파 가수로 많은 사랑을 받았던 가수 바비 킴. 비행기를
타면서 억울한 일을 항의하는 과정에 감정의 상승작용이 일어났고,
항공사 직원들 누구도 그의 진실에 대해 말해도 믿어주지 않자 결국
에는 난동 수준까지 가게 된 사건이다. 그도 연예인이기 때문에, 그
일이 언론과 여론의 몰매를 맞고 4년 가까이 가수 활동을 접게 만든
사건이다. 그의 억울했던 사연은 이렇다.

이 사건이 일어난 곳은 인천행 미국 샌프란시스코행 비행기. 이 사건

은 사실 예약 명단에 같은 이름이 2명이기 때문에 발생한 일이다. KIM ROBERT DOKYUN(바비 킴 본명)은 비즈니스석을 예약한 상태였고, 또 다른 KIM ROBERT 씨는 이코노미석으로 예약되어 있었다. 바비 킴은 미국 시민권자고, 한국 이름은 김도균. 미국인이라 First Name(이름)이 로버트, 한국서는 쓰지 않는 Middle Name이 도균이었다.

시간대별 상황을 요약하면 이렇다.

– 바비 킴이 먼저 Check-in 데스크에 발권하러 왔음.

–데스크 직원이 발권을 위해 검색을 했는데 일반인 로버트 김이 뜸. (아마도 근무 경력이 많지 않은 직원 같음) 그래서 예약된 대로 이코노미석으로 발권함.

– 바비 킴이 잘못되었다며 항의. "나는 비즈니스석 예약인데 왜 이코노미석을 주느냐"

– 이 발권 직원은 단말기 상에 이코노미석이며 도리어 예약 잘못한 것이 아니냐며 되물음.

– 바비 킴이 항공권 구매한 여행사에 연락해 비즈니스석임을 재확인.

– 그는 화가 극에 달해 잘못된 사실에 대해 두 번 항의했음. 이러다 비행기가 늦어질 것 같아 이코노미석 탑승권을 받아들고 보안 구역으로 들어감.

– 그런데, 항공권의 이름이 동명이인이라 출국에는 아무런 문제가 없이 보안 구역 통과함.

(이게 항공 보안 관점에서 보면 큰 문제가 될 수 있었던 사건이다. 왜냐하면, 다른 사람의 탑승권으로 보안 구역으로 들어온 것이기 때문이다.)

- 이후에 일반인 로버트 김이 발권함. 이때 발권 직원이 실수했음을 알게 됨. 그래서 탑승구 쪽 데스크에 이 사실을 알림.

  (로버트 김의 좌석을 중복으로 발권하고 탑승구에서 업그레이드하는 식으로 했을 가능성이 큼.)

- 바비 킴이 탑승구 옆 안내 데스크에 다시 따지니 그에게 오류가 있었다며 환승 게이트에 가서 다시 발권을 받으라고 설명했음.

- 환승 게이트에서 로버트 김을 찾는 방송이 있어 갔으나, 이 게이트 직원도 일반인 로버트 김을 검색했기 때문인지 또다시 이코노미석을 줌.

- 다시 화가나 억울하다며 따지는 과정에 비행기 출발이 20분 지연되었음.

- 화가 난 상태지만 본인 때문에 더 지연되는 것이 미안해 일단 탑승.

- 그러나 두 로버트 김은 서로 다른 자리를 배정받았으므로 좌석 상 문제는 없었음. 그런데 이날 이코노미석이 만석이고 바비 킴 좌석이 중복되어 다른 승객이 이미 앉아 있었음.

- 그런데, 지상 직원은 바비 킴을 비즈니스석으로 올리지 않고 한 여자 승객을 비즈니스석으로 옮겨줌.

  (참고로 만석이 생겨 이런 좌석 업그레이드시킬 경우, 항공권을 가장 비싸게 구매한 승객이 일 순위다. 여기서 직원이 또 실수한 것은 Check-in 직원과 제대로 연락하지 않은 것 같음. 아니면 바비 킴의 거친 항의가 지연의 원인이라 진상

승객으로 낙인을 찍어 승객의 정보가 담긴 PNR을 열람해 볼 생각조차 못 했을 가능성이 큼.)

- 이렇게 계속된 실수를 보고 다시 화가 머리끝까지나 항의했으나 예약된 비즈니스석으로 올려 주지 않았음.
- 비행 중에도 화가 풀리지 않은 바비 킴은 와인을 여러 차례 주문해 마시며 술주정하듯 계속해서 승무원에게 따지며 항의함.
  (사무장과 그 지역에 근무한 승무원의 리포트에 의하면 거의 난동 수준이었다 함. 이 난동을 제지하는 여승무원과 실랑이 과정에 성추행 말까지 언론에 보도가 되었음. 주위 승객의 진술에 의하면 바비 킴이 세 번이나 죄송하다며 사과했다고 함.)
- 샌프란시스코 공항 도착 전 사무장은 공항에 그를 기내 난동자로 신고를 했고, 도착 후 공항 상주 F.B.I의 조사를 받아야 했음.
- 그 후 한국 법정에서 항공 보안법 위반과 성추행성 발언 혐의로 벌금 400만 원 선고받음.

이 사건은 발권 실수를 알았을 때, 이 직원이 환승 게이트에 연락해서 상황 설명을 하며 로버트 김이라 하지 않고, '가수 바비 킴'이 갈 테니 비즈니스석으로 다시 발권해주라 했으면 아무런 문제가 없었을 것이다. 그리고 그 후도 아쉬운 일은 결과를 그 직원에 다시 확인만 했더라면 이런 억울한 일은 발생하지 않았을 것이다.

한 사람의 실수가 대중이 사랑하는 연예인에게 4년 동안 억울한 누명을 씌우게 된 이 사건, 결국 항공사도 진실이 밝혀지자 이를 인정하고 배상하겠다고 했다.

이런 진실을 모르면서 언론의 장단에 맞춰 각종 악담과 비속어를 쓴 악성 댓글자들이 반성이나 사과했다는 말은 들은 적이 없다.

케이크 소동

제주로 가는 국내선 비행기의 탑승이 끝났다. 그런데 출입구 안쪽에 있는 갤리에 케이크 하나가 놓여 있었다. 사무장이 주인을 찾으려 해도 나오지 않았다. 그런데 케이크 속에 있는 메모지에 수신자 이름이 적혀 있었는데, 이 비행에 근무하는 여승무원 K씨였다. 국내선 전담 승무원으로 근무하고 있었던 K씨는 탑승객 중에 누군가가 보낸 것을 알았다는 듯이 당당하게 가져갔다.

이날은 아무런 일없이 이렇게 넘어갔다. 그 후 어느 날, K씨가 국내선 근무하는 비행기 갤리 선반에 케이크가 놓여 있는 일이 또 발생했다. 그런데 이날 탑승이 거의 끝날 즈음, 한 남자 승객이 사무장에게 도착지에서의 일정이 변경되었다며 하기를 요청했다. 이 승객의 사연을 사무장에게 들은 지상 직원은 사무장에게 승객 하기 방송을 요청했다. 승객이 탑승했다가 하기를 하면 1987년 11월 858편 폭발물 사건처럼 불순한 의도가 있을 수 있어 모든 승객을 하기한 후, 기내보안 점검이 끝나야 재탑승할 수 있었다. 최근에는 이 규정이 조금 완화되어 공항 경찰대나 국정원에서 이런 승객의 신원 조사 후 의심스럽다고 판단되는 경우만 하기한다. 탑승 후, 승객이 하기 하는 이런 일이 빈번하게 일어나는 비행이 있는데, 팬이 많은 연예인이나 아이돌 탑승 비행기에서다. 이렇게 잔머리를 쓰는 승객들은 항공사도 골머리를 앓는 일 중의 하나다. 이들의 행동을 보면 대충 이렇다. 연예인이 타는 비행편의 탑승권을 구매해 보안 구역에 들어와 있다가 연예인의 동선을 따라다니며 사진을 찍고 탑승할 때도 기내에 따라 들어와 착석해 있는 그 연예인과 인증 사진까지 다 찍는다. 원하는 일을 다 끝내고 나면 승무원에게 이런저런 핑계를 대며 하기를 요청하는 것이다. 위의 케이크 사건도 처음에는 K씨의 근무를 따라 왕복 비행하곤 했다. 그러다가 연예인 팬처럼 기내에 들어와서는 케이크를 승무원 몰래 갤리 선반에 두고는 사무장에 하기해야만 하는 이유를 대고는 하기를 요청하는 것이다. 이렇게 항상 성공하자, 여러 번 이런 방법을 써온 것이다.

성공에 취한 이 승객 S씨, 최근에 이렇게 같은 지연이 반복해서 일어나자 의심하게 된 D항공사도 그동안 S씨의 탑승 기록을 조회해 보았다. 여러 번 이런 지연 사건에 관련된 기록이 남아 있었다. 결국 이 일은 경영층에까지 보고되었고 여태껏 있었던 동일 사건에 대한 보고서를 바탕으로 정밀 조사가 이루어졌다.

사건이 있는 탑승 편에 모두 등장하는 K씨를 불러 사정을 물어보았다. 결국 S씨가 K씨에 대한 프러포즈 이벤트임이 밝혀졌다. 개인적인 호의로 이런 일을 꾸미는 것이 좋았을지 모르겠으나, 한편으로는 항공사와 탑승한 그 많은 승객에 유무상 손해를 입힌 사건이다.

일등석 라면

2018년 11월 **일 인천발 L.A행 비행기. 이 비행기에는 최근 개발한 항암치료 약의 최종 임상 결과가 미국 F.D.A의 판매 승인이 나오자, 미국의 한 대형 제약 회사와 계약을 위해 탑승한 바이오 업계의 선두 회사인 S회사 회장이 탑승하고 있었다.

이 노선의 기종은 A380 비행기. 이 비행기는 2층 전부가 비즈니스 클래스로 운영하고 있었고, 이곳 뒤쪽에는 칵테일 교육을 받은 승무원이 상주하며 무료한 승객에게 칵테일을 마실 수 있는 바가 있다. 15여 명은 여유 있게 앉거나 서서 이야기할 수 있을 만큼 넓은 공간이다. 이 출장이 회사에서는 상당하게 큰 계약을 위한 여정이라 기분이 좋았던 회장은 이 라운지에 동행한 직원들 전부 불러 모았다. 회장은 일등석이고, 임원은 비즈니스 클래스였으며 그리고 실무를 담당하는 직원들은 이코노미석에도 여러 명 탑승해 있었다. 문제는 항공사 규정상 이코노미석에 있는 승객은 이곳에 오면 안 된다. 회장의 요청에 올라온 일반 직원들이 시간이 한참 지났어도 돌아갈 기미가 보이지 않았다. 사무장도 회사의 경사로 가는 것을 회장의 자랑으로 알아 어느 정도는 모르는 척해 주었다. 그 이후도 긴 시간이 지나도 이들이 내려갈 생각을 하지 않자 회사 규정과 다른 승객과의 형평성 문제 등을 설명하며 돌아가 줄 것을 정중하게 요청했다. 이 말을 들은 회장은 알았다고만 하면서 계속 직원들을 잡고 있었다. 이 이상 눈감아 주다가 비즈니스 승객이 이 상황에 대해 불만의 소리(VOC)를 회사에 보내면 사무장도 처벌받게 된다. 그러니 규정에 따라 할 수밖에 없는 상황이 된 것이다. 사무장은 애원하듯 두 번 그리고 세 번째는 더 강도 있게 이코노미석 직원들에게 돌아갈 것을 종용했다. 회장도 자기 직원에 대한 사기 앙양이라는 입장을 사무장이 이해해 줄 것으로 알았는데, 사무장과 담당 승무원의 계속되는 요청에 체면이 구겨져 버린 것이다. 결국 마음이 상한 탓인지 사무장에게 화를 내며 자리로 돌아가 버렸다. 그 후 2시간 정도 지나서 일등석 승무원에게 라면을 주문했다. 회장은 3번을 맛이 없다며 다시 끓여 오라고 했다. 일등석에서 일어난 일이라 쉽게 넘어갈 일이 아님을 느낀 사무장은 L.A에 도착하자마자 회사에 기내에서 일었났던 모든 상황을 보고했다.

그런데 사무장이 회사로 보내는 이 보고서를 이 비행기의 승무원 중 누군가가 복사해 언론사에 제보해 버린 것이다. 제보받은 종편인 J방송은 저녁 뉴스로 이 사실을 독점 보도하고 말았다.

사실 비즈니스석은 N회사의 대표 컵라면을 끓여서 제공하지만,

일등석은 봉지 라면을 끓여서 서비스한다. 비행기가 순항하는 고도가 35,000ft(약 10.5Km). 이때 비행기의 기내 기압은 해발 1,950m인 한라산 정상과 비슷하게 유지하고 있다. 높은 산에 가 본 사람은 잘 알겠지만, 높은 고도에서 라면을 맛있게 끓이기란 쉽지 않다. 왜냐하면 높은 산에서 끓는 물은 기압 차 때문에 섭씨 100℃가 되지 않아 면이 잘 퍼지지 않기 때문이다. 승객의 갑질 논란으로 한때 큰 물의를 일으켰던 P사의 왕 상무 라면 사건처럼, 이 사건도 라면 때문에 발생한 사건이다. 평소 임원들이 집이나 회사에서 먹거리로 쳐다보지도 않았을 미천한 라면이 비행기서는 고급으로 대접받으며 대형 스캔들을 심심찮게 일으키니 이 또한 이해할 수 없는 아이러니 아닐까.

면세점 부업

2014년 4월 신용불량자인 31세인 S씨가 불량 신용카드사용 혐의로 경찰에 체포되었다. S씨는 지난해 8월부터 8개월 동안 21차례나 일본을 다녀왔다. 여기를 갔다 올 때마다 S씨는 비행기서 판매하는 면세품을 구매했다. 주로 고가 화장품을 집중적으로 구매해서 귀국했다. 모두 사용 정지된 신용카드를 사용했지만, 기내서 결제하는데 아무런 문제가 되지 않았다. S씨는 기내가 은행과 온라인으로 연결이 되어있지 않아 정지된 카드도 문제없이 사용할 수 있다는 사실을 브로커로부터 교육을 받아 이미 알고 있었다. 이것도 꼬리가 길면 잡히는 법, 카드 전표를 담당 은행에 제출하니 불량 카드 전표가 계속해서 들어오는 것을 알게 되었고, 그러자 면세품 담당 부서에서 결재한 사람에 대해 역추적하며 조사하게 되었다. 마침내 일본을 자주 다니며 면세품을 대량 구매한 S씨를 혐의자로 찾을 수 있었다.

S씨의 범죄 행위는 공항 경찰대에 접수되었고 이날 인천 공항에 도착한다는 정보를 알고 대기하고 있던 경찰에 연행되어 가면서 알려지게 되었다. S씨가 이런 범죄 행위에 빠지게 된 시초는 인터넷의 한 아르바이트 커뮤니티를 알게 되면서였다. 37세인 C씨가 올린 구인 광고 – 고수익 알바 모집. 구인 조건도 신용불량자 및 정지된 카드 소지자만 가능했다. 이 글을 보고 연락하며 알게 되었고, C씨는 S씨에게 일본 왕복 항공권을 주며 기내서 사와야 할 화장품 목록도 함께 건네주었다. 그리고 화장품 대금은 정지된 카드로 결제하게 하고 구매한 화장품은 가격의 30%에 재구매해 주었다. 이런 불량 신용카드사용은 동남아 노선에서 가끔 발생하곤 했다. 특히 마닐라나 방콕 노선에서 자주 발생했다. 이들은 주로 고가품을 집중해서 구매하는 특징이 있었다. 이런 경향을 아는 승무원의 기지로 구매를 막은 경우도 가끔 있었다. 회사도 이런 피해를 막기 위해 2015년부터 일부 기종이지만, 신용카드로 500불 이상 결제할 경우, 은행과 협업이 되어 그 승객의 신용카드 조회를 할 수 있어 이런 행위를 잡아내고 있다.

이 사건은 2015년 2월에 일어난 10원짜리 동전 사건–10원이지만 금속으로 녹여 팔면 6~7배의 가치가 된다는 것을 알고– 5,000만 개를 매입해서 용광로에서 녹여 동 파이프와 밸브로 만들어 팔다가 구속된 사건과 비슷한 면이 있다. 이것도 기발한 범죄다. 이런 줄 알면서도 허점이 보이면 어떤 방법을 써서라도 돈벌이하려는 사람이 적은 나라가 선진국이 아닌가 싶다.

보따리 무역

1990년 러시아(옛 소련)와 국교가 수립되고 나서, 러시아나 동유럽 국가에서 온 사람들이 한국의 싸고 질 좋은 물건을 사다가 자기 나라에서 비싼 가격에 팔고 있다는 이야기를 매스컴을 통해 자주 들었다. 그러나 이런 일이 비행기를 타는 승무원에게는 새삼스러운 일이 아니었다. 이들보다 훨씬 이전부터 서울과 일본을 드나들며 이런 무역을 하는 사람들을 늘 접해왔기 때문이다. 세관의 집중 단속 기간에 적발되어 언론에도 가끔 보도되었고, 그들을 보따리 무역상으로 표현되었다. 이들 보따리 무역하는 사람들 숫자가 본격적으로 늘어나기 시작한 것은 여행 자유화가 되면서부터다. 이때가 1980년대 말 무렵이다. 이전에는 일본에 사는 교포들만의 독점적 사업이었다. 그러다가 이들로부터 정보를 들은 친척이나 친분 있는 사람들이 서울을 거점으로 합세하면서 이들의 수가 대폭 늘어난 것이다.

이 당시는 일본과 한국의 국민 소득 차이가 비교되지 않은 정도로 큰 시기였다. 자동차와 전자 제품을 앞세운 무역 대국이 일본이었고, 반면 한국은 민주화의 혼란을 겪고 겨우 일어서서 선진국 일본을 배워 가는 시기였다.

그래서 교포 무역상들은 당시 일본 첨단 전자기기인 소니나 Aiwa 카세트 플레이어나 무선 전화기 같은 전자 제품, 강남 부자들의 필수품으로까지 소문날 정도로 유명했던 코끼리 밥솥, 그리고 시세이도 화장품 등이고, 반면 서울에서 일본으로 가져가는 품목은 캐시미어 이불이나 스웨터 같은 의류가 대부분이었다.

또, 이들이 일본으로 갈 때 기내 면세품 중에 반드시 구매하는 양주가 있었다. Old Parr 브랜드 위스키와 Remy Martin Napoleon 코냑이다. 일본 주류 면세 기준인 3병씩 필수품처럼 꼭 샀다. 면세 초과인 6병을 사는 사람도 많이 있었다. 이렇게 초과로까지 구매해 가는 이유를 물어보니, 이 두 양주가 청주인 사케(니혼슈) 다음으로 인기 있는 술이라 수요가 많고 그만큼 인기가 높아 신고해 관세를 물고도 넘기면 편도 비행기 요금이 될 정도라고 귀띔해 주었다.

이들은 서울 김포에서 오전 11시 10분에 출발하는 비행기를 타면 교포가 가장 많이 거주하는 오사카의 이타미 국제공항(1994년 개항한 간사이 국제공항 이전 공항)에 12시 30분에 도착한다. 그곳 공항 주차장에서 기다리고 있는 중간상(나카마)에 물건을 넘기고 나면, 그들로부터 서울에서 넘길 물건을 받는다. 식사를 따로 할 여유도 없이 오후 3시 40분에 출발하는 서울행 비행기를 탄다. 승무원과는 하루에 두 번씩이나 기내에서 만나게 되는 것이다.

이 비행기서 1병씩 사가는 양주 로열 살루트 21년은 서울의 숙식비를 해결할 수 있는 돈이 된다고 했다. 이들이 얼마나 자주 다니냐면 가는 비행기 탑승 횟수에서 알 수 있다. 이 일을 일찍 시작한 몇몇 사람은 900회를 넘었고 같이 탑승한 사람들이 그들을 언니라고 불렀다.

1990년에 오사카 세관이 이들의 수가 많아지자 통관을 까다롭게 하며 단속에 들어갔다. 일주일 정도 이들의 모습을 비행기에서 볼 수가 없었다. 알고보니 이들은 서울과 후쿠오카 노선에 탑승했다. 이 노선은 한일 노선 가운데 비행기 요금이 가장 싸고, 무엇보다 세관이 까다롭지 않아 통관하기가 쉬웠기 때문이다. 오사카 대신 후쿠오카로 도착해서 신칸센을 타고 오사카까지 가야 하는 불편함이 있었지만 그래도 남는 장사이기에 중단할 수가 없었다.

이 행상들은 사무장이나 경력 많은 승무원과는 친하게 잘 지냈다. 안면이 많아 잘해주면 다음 날 아침 비행기에 타면서 은단이나 인기 과자 등을 선물로 주곤 했다. 이런 정 때문인지, 그들도 우리가 Layover 하는 걸 알고 사고 싶은 물건이 있으면 말하라고 하며 부탁하면 구해 주기도 한다. 반면 신입 승무원은 이들이 기내에 가져오는 짐도 많고 숙소에서 먹을 우유나 땅콩 등의 요구 사항이 많아 싫어했다.

또 다른 보따리 무역상들이 있었다. 서울과 대만 타이페이 노선이다.

일본 노선의 무역상의 97%가 여성이었지만, 이 노선은 남자가 60%로 더 많았다. 이들이 대만으로 들어갈 때는 위스키를 갖고 들어가고 한국으로 돌아올 때는 대만제의 싸고 질 좋은 전자 제품을 가져온다고 했다.

대만의 주류 면세 범위는 1병이다. 그런데 이들은 기내에서 여섯 병이나 구매했다. 비행기에 항상 스무 명도 넘는 이들이 1병에 80불짜리 로열 살루트 21년 위스키를 약 150병 정도 사 갔다. 이 술 판매 금액만 $12,000이다.

이들은 서울에서 탑승하기 한참 전에 벌써 탑승구 앞에 긴 줄을 만들고 있었다. 탑승이 시작되면 좌석이 아닌 면세품 창고가 있는 기내 후미로 면세품 담당 승무원을 찾아 뛰어간다. 순식간에 후미 통로는 마치 배급을 기다리며 서 있는 난민들처럼 긴 줄이 하나 만들어진다.

공항 면세점보다 기내가 가격이 다소 저렴했기에 이것을 사기 위해 필사적인 노력을 하는 것이다. 비행기에 늦게 들어와서 혹은 술이 모두 팔려 구매하지 못하게 되는 날이면 승무원에 온갖 불평을 터트린다. 이들에게는 생계가 달린 문제이기 때문이다.

그러나, 이 노선의 비행기만의 진풍경도 볼 수 없게 되었다. 1992년 한국이 중국과 국교가 수립하면서다. 두 개의 중국을 인정할 수 없다는 중국의 수교 조건에 따라 대만과는 국교가 단절되면서 항공 노선도 같이 없어져 버렸기 때문이다.

I.M.F 한파

한 해의 마지막 12월은 언제나 들떠있는 달이다. 크리스마스에다 연말이라 흥청대기도 하는 달이다. 그러나 1997년의 마지막 달인 12월은 그렇지 않았다. 이달은 여느 겨울보다 추운 겨울이었고 침울하고 우울했다. 다름 아닌 한국의 외환 보유가 바닥을 들어낸 달이기 때문이다.

그래서 원화 가치의 폭락은 바닥을 모르고 떨어져 갔고, 이 외화 부족을 안 외국 투자가들은 투자금을 하루라도 빨리 회수하고 철수하려고 난리를 치니 외화 자금 조달 길이 막혀버린 기업들이 연일 부도로 쓰러져갔다.

11월 기아 자동차의 부도를 서막으로 뉴코아그룹, 해태그룹, 쌍방울 그룹이 부도가 났다. 급기야 11월 말에는 나라 스스로 이 외환위기를 해결할 수가 없게 되자 IMF에 구제 자금을 신청했다. 살을 에는 겨울의 추위보다 IMF의 한파가 더 혹독하게 몰아친 것이 12월이었다.

12월에는 한라그룹, 그리고 안전판이라던 금융 기관도 예외가 아니었다. 서울은행과 제일은행이 부실 채권으로 파산 직전으로 몰렸고, 동서증권과 고려증권도 부도가 났다. 분당 일산 등의 신도시 시대에 명품 아파트로 날리던 청구그룹도 부도가 났다. 그리고 서울서만 하루에 100여 개의 중소기업이 부도로 쓰러졌다. 대량 실업 시대를 예고했다. 이런 큰 태풍이 몰아치니 직장인들은 어쨌든 해고가 되지 않으면 다행으로 알고 숨도 제대로 못 쉬던 때였다.

이 위기가 가장 최고조가 된 것이 12월 18일 대통령 선거가 있기 얼마 전이었다. 달러가 없어 원화 가치는 곤두박질쳐 2,000원대를 넘어갔다. 이런 실정이다 보니 자기 자본보다 차입금이 많은 기업은 초비상이 걸렸다. 대표 항공사인 D항공도 차관과 외국 은행에 빌려서 사들인 비행기에 대한 환차손이 1조 원이 넘었다는 기사도 나왔다. 이런 위기가 오자 D항공도 30% 감원할 것이라는 소문과 그리고 임시직과 파트타임 직원의 사표를 받았다더라는 풍문으로 직원들도 불안에 마음 둘 곳을 몰랐다.

이런 한파가 현실로 나타난 것이 자금난에 쫓긴 회사는 12월 보너스로 주식으로 주었고, 또 과장급 이상 임직원 월급은 10% 삭감되었다. 특히 승무원이 피부로 느낄 수 있는 것은 국내선 국제선 승객이 급격하게 줄었다. 이 풍파가 오기 한 달 전만 해도 빈자리를 찾기 힘들 정도였는데, 이제는 좌석의 절반 채우는 비행기 보기가 힘들었다. 회사의 최전선에서 일하는 부서가 승무원이라 회사의 감원 바람이 몇 번 있었지만 그래도 승무원 부서는 비교적 안전지대에 속했다. 입사 후 10년 넘게 겨울 비수기 이외는 정기 휴가받기 힘들 정도로 항상 승무원이 부족했기 때문이다. 그러나 이번에는 달랐다. 과장급 이상 관리자 직급에 대해서 명예퇴직 신청 공고가 나면서 이 위기감이 최고조에 달했다.

그러나 이번 만은 우리가 느끼기에도 상황이 달랐다. 호황을 누릴 때만 해도 승무원은 승객이 많은 것을 좋아하지 않았다. 이렇게 승객이 너무 줄어드니 비행은 편하였지만, 현실은 혹시 우리 회사도 망하지나 않을까 하는 걱정거리가 되니 월급을 받아도 마음 한구석은 찜찜하고 불안했다.

이런 걱정은 한 편으로는 애사심을 가지게 했다. 이때 승무원들은 승객이 많은 비행기에서 오히려 더 신바람이 나게 근무했다. 승객에게 진심으로 서비스를 하니 서비스 평가도 좋게 나왔다. 지금 생각하니 이때가 가장 승객의 편에서 서비스하려고 노력했던 것 같다.

이런 한파에서 느낀 하나의 진리라면, 선배로부터 서비스 기술만 배워왔지만 입사 이후로 애사심에 대해서는 한 번도 배워본 적이 없었다. 큰 위기가 오니 누구도 영원한 직장은 없다는 생각이 들었고, 회사가 살아야 승무원인 우리도 존재한다는 간단한 진리를 아니 여태껏 가르쳐준 적이 없는 애사심으로 무장해 서비스에 임했다.

이것이 그 혹독한 IMF를 넘긴 경쟁력이었고, 정년을 한 지금에는 오래된 일기장을 꺼내 그때의 추억을 되새김하는 느낌이다.

애틋한 신혼부부

1997년 10월 *일 일요일. 부산에서 제주로 가는 마지막 비행기. 결혼 철이라 승객들의 95%가 신혼부부였다. 출발 시각이 가까워지자 292석의 A330 항공기 좌석의 빈 좌석은 보이지 않았다. 사무장인 나는 지상 직원이 가져올 출항 서류를 기다리고 있었다. 이 공항에서 자주 만나 안면이 많은 직원이 신혼부부 한 쌍을 동행해서 오고 있었다.

도착하자 하는 말, "이 신혼부부가 피로연과 차량 정체로 체크인 카운터에 늦게 도착하는 바람에 한 좌석이 팔려 버렸습니다. 안 되는 줄 알지만, 마지막 비행기라 혹시 한 사람은 Jump Seat(승무원이 앉는 좌석)에 앉아 갈 수 있을까요?"

순간, 나는 마음의 갈등이 일어났다. 비행기는 입석이 없으니 이 승객을 태우면 불법을 저지르는 일이다. 한편으로는 신부가 죄를 짓고 간절하게 용서를 비는 죄인이 부탁하는 듯한 애절한 호소에 마주치니 매정하게 외면할 수도 없었다.

'법이냐 인정이냐'라는 두 명제를 두고 햄릿처럼 두 개의 자아가 폭발을 일으켰다. 흘러내리는 마그마 속에는 동정심이 떠다니고 있었다. 부부로서 인생의 첫걸음을 서약한 오늘, 가야 할 제주로 가지 못하고 익숙하지 않은 장소로 가야 한다면, 가장 행복한 날에 찾아온 가장 큰 불행이라는 마음이 앞서 나갔다.

'나만 눈감으면 불가능한 것도 아니잖아.' '인생에서 남을 위해서 한 번쯤 도박해보는 것도 보람된 일이다.' '그래 내가 책임지자.'

〈굳은 결심〉

신혼여행을 망칠까 싶어 노심초사하던 이 부부는 나의 이 결정에 얼굴에 부처님의 미소 같은 웃음이 피었다. 갈등하고 있었던 결론을 내리고 나니 오히려 마음이 한결 가벼워졌다.

제주에 도착. 신부는 뒤쪽 점프 시트에 앉아 있던 신랑과 함께 맨 마지막에 내렸다. 이들은 어떤 방식으로든 고마움을 표시하고 싶어 했으나 정중히 거절했다. 그러자 과일 바구니에 있는 과일을 몇 개 꺼내더니 갤리 위에 두고 뛰듯이 나갔다.

제주 숙소로 가는 버스에서 함께 근무했던 여승무원들도 내게 잘했다며 응원해 주니 불법을 저지른 일에 대한 불안한 마음보다 오히려 자랑스럽게 느껴졌다.

이때는 비행기에 일어나는 사소한 일들은 항공사에서 알아서 책임지고 했던 시기라 이런 초과 탑승이 가능했다. 그러나 지금 같으면 이렇게 한 일이 회사나 국토부가 알게 되었다면 회사로부터 최소 권고사직 정도는 피할 수 없을 것이다. 만약 이 일이 매스컴의 한 페이지라도 되었다면 고개 들고 다닐 수 없는 죄인이 되었을지 모른다.

이 과일은 안돼요

결혼 철인 가을과 겨울철만 되면, 신혼여행의 메카인 제주와 미국령 괌 노선은 젊은 커플들로 붐빈다. 그래서 특히 결혼식이 많은 일요일에는 정기편 이외에도 특별기까지 띄워서 승객들을 수송한다.

1994년 10월 23일은 십 년에 한 번 올까 한다는 길일이라 한다. 전국적으로 사상 최대로 결혼식을 많이 한 날로 언론에도 보도되었다. D항공은 이들 신혼부부를 괌으로 실어 나르기 위해 좌석 수가 400석이 넘는 B747 점보기를 특별기로 마련했다.

소란하게 붐비는 식장, 가족이나 친구들과의 작별 인사, 공항까지의 교통체증, 이런 일들로 모두 피로한 기색이었지만, 절대로 서로를 놓지 않겠다는 맹세를 한 듯 굳게 팔짱을 끼고 탑승하는 신혼부부들은 한결같이 행복한 얼굴을 하고 있었다.

기내로 들어서는 신랑의 손에는 신부 친구가 마련해 준 과일 바구니 하나씩은 모두 들고 있었다. 이것은 당시의 결혼 트렌드였다.

서울서 괌까지의 비행시간은 네 시간 정도. 이륙 후 2시간은 소곤소곤 이야기꽃을 피우느라 정신이 없지만, 식사가 끝나고 자정이 가까워지면 오늘 힘든 결혼식을 치르느라 쌓인 긴장과 피곤함 때문에 대부분 서로의 머리를 기댄 채 잠들기 시작한다.

도착 한 시간 전, 도착지에 가까워졌다는 안내와 함께, 현지의 까다로운 입국 서류와 세관 규정에 대한 안내방송이 나간다. 이곳도 미국령이기 때문에, 하와이와 마찬가지로 과일에 묻혀 들어올 해충과 풍토병을 예방하기 위해서 음식과 과일류에 대한 반입은 엄격하게 제한되어 있다.

(방송) "이곳 공항에서는 식품류의 반입을 엄격히 규제하고 있습니다.… 승객께서 휴대하고 계신 식품이나 과일은 지금 드시거나, 저희 승무원에게 주시면 폐기 처분하겠습니다."

이 방송이 나가면 갑자기 기내가 술렁이기 시작한다. 숙소에 가서 먹기 위해 아직 한 개도 손을 대지 않고 바구니에 고스란히 담겨 있는 탐스러운 과일들을 모두 버리고 내려야 한다니 얼마나 아깝겠는가. 결혼 축하의 의미로 친구들이 정성스럽게 마련한 선물을 빼앗겨야 하니 속상하지 않을 수가 없다.

그래서 순순히 내주는 사람은 드물고, 대부분 어떻게든 가지고 갈 방법을 승무원에게 물어보지만, 승무원도 안타까운 마음이지만 세관 규정이 그렇다는 설명 말고는 해줄 말이 없었다.

어떤 부부는 아쉬운 마음에 가장 좋아하는 과일을 한두 개 빼고 준다. 한 개라도 먹어서 아까운 마음을 조금이나마 위로받기 위해서일 것이다. 또 어떤 신부는 핸드백 속에 몇 개를 넣어서 가려고 시도하는 사람도 있다. 그들이 무사히 세관원의 눈을 피할 수 있었을지는 모르겠지만.

우리가 이렇게 수거한 과일은 정말이지 엄청난 양이다. 200쌍의 신혼부부에서 약 80여 개의 과일 바구니가 나왔다. 신혼여행지에서 먹으라고 가족이나 친구들이 들려준 그 바구니 속에는 온갖 먹음직스러운 과일들이 포장되어 담겨 있다.

이 과일들은 도착하면 전량을 폐기해야 한다. 기내에 있는 쓰레기통으로는 턱없이 모자랄 만큼 많은 양이다. 각 갤리에서는 한꺼번에 쏟아져 나온 과일과 바구니들을 처리하기 위해 고심하게 된다.

신혼부부에게 조금 미안한 이야기지만, 그냥 버리기가 아깝다는 생각에서 이런 과일 가운데 승무원들이 좋아하는 과일을 골라 각 갤리에서 과일 파티가 벌어진다. 커튼을 치고 보이지 않게 조용히 이루어진다.

오늘 긴긴 행복감이 일순간 초상집처럼 된 신혼부부의 마음은 아랑곳없이 하이에나처럼 싱싱하고 사 먹기 힘든 비싼 과일만 골라 전리품으로 몰래 먹으며 비극을 희극으로 즐기는 승무원들.

다른 항공사에 없는 서비스

어느 회사나 현장 부서의 아이디어를 통한 비용 절감이나 생산성 향상은 보상하며 독려하는 것은 같다. 승무원도 승객과 최종 대면하는 직종이라 이런 활동을 통해 개선되거나 비용 절감한 사례는 많다. 그러나 좋은 개선 사항이 있다고 하더라도 선배에게 들은 사실은 회사에 이익이 되어도 승무원을 불편하게 하거나 업무를 힘들게 하는 제안은 해서는 안 된다는 것이었다.

이 법이 깨지게 된 계기가 있다면, 1997년에 겨울에 불어 닥친 IMF 외환 위기였다. 승객과 화물의 급격한 감소로 회사도 위기라 줄일 수 있는 것은 1원이라도 절감하려고 애를 썼다. 그래서 부서별로 직원들에게 비용 절감에 대한 아이디어를 낼 것을 종용했다.

이때 나온 비용 절감 아이디어가 승무원 식사에 관한 것이다. 중·장거리 비행 시 승무원 식사는 승객 식사와는 별도로 승무원 수만큼 탑재된다. 이 제안이 채택되고 나서는 승무원 수대로 식사가 실리지 않았다. 그 이유는 비즈니스 클래스에서 주문받고 남은 앙뜨레(Entee)로 대처해서 먹어야 했다. 승무원이 얻어먹는 것처럼 보이는 것이 불만이 아니라, 비즈니스 클래스는 코스 요리 서비스를 하는지라 식사 서비스 시간이 이코노미석보다 오래 걸린다. 서비스가 끝나고 식사하고 싶어도 식사를 보내주지 않으면 할 수 없기 때문이다. 그 후 10년 이상을 지속하며 비용 절감을 많이 했지만, 승무원의 먹는 문제에 대한 불만이라 노조가 나서 해결하여 지금은 없어졌다.

모든 항공사의 Cuttlery 세트 속에는 포크와 나이프 그리고 설탕과 크림이 함께 포장되어 있다. D항공에는 이 세트에 설탕과 크림이 빠져 있다. 그래서 벌크로 탑재된 크림과 설탕을 용기에 담아 커피와 함께 준비해 원하는 승객만 가져가게 했다. 이것이 우수 제안으로 채택된 것은 1990년 중반부터 시행된 오래된 아이디어다. 승무원의 불만은 외국의 다른 항공사를 타봐도 이런 경우가 없었고, 준비해 나가는 것도 불편하고 서비스하다 떨어지면 가지러 갔다 와야 하기 때문이다.

비행기에 승무원이 탑승하는 수는 비행기에 장착된 각 클래스의 좌석 수에 따라 달라진다. 예를 들면, B747은 17명 정도며 A380은 25명이나 된다. 대부분 항공사는 예약 승객 수에 상관없이 이 수 대로 승무원이 배정된다. 그러나 예약 비율에 따라 승무원의 수도 줄여서 운항한다. 이코노미석의 경우 좌석 수의 60% 예약이면 1명이 감축된다. 이게 시행되면서 사무장들은 좋은 시절 다 갔다며 푸념하곤 했다. 이 사안은 상당한 비용 절감은 물론이고 인력 관리에도 좋다는 정보를 알고 홍콩의 C항공사가 벤치마킹해갔다고 한다. 그러나 노조의 힘이 강한 미국이나 유럽서는 채택이 되지 않았다고 한다.

세계 항공사 중에서 기내 면세품 판매가 가장 많은 항공사 기록이다. 2014년에 목표한 매출액 2억 불을 달성했고, 2014년 6월 *일에는 하루 입금액 평균 55만 불을 훨씬 초과한 90만 불을 기록한 날이다. 이날을 기념하며 모든 승무원에게 수고의 선물을 돌리기도 했다.

또 한 가지가 있다면 국제선 비행을 하루에 두 번 하는 항공사다. 물론 단거리인 한일 노선이나 중국 노선이지만 승무원은 이것을 '3+1' 또는 '1+3'이라 부른다. 국내선에서 Double 비행(2번 왕복하는 비행)은 일상적일 만큼 많다. 그러나 국제선 비행은 근무의 강도가 다르다. 국내선은 음료 서비스가 전부다. 반면 국제선 비행은 국내선보다 비행시간도 길뿐만 아니라 할 일도 훨씬 많다. 입국 서류에 식사 서비스와 회수 그리고 면세품 판매 등이다. 이런 국제선 비행을 왕복하고 다시 한번 하는 비행은 하루에 근무하기에는 너무 힘들어 근무를 마치고 나면 파김치가 된다. 이것은 인력 운영효율 따른 비용 절감에는 공감하지만 업무 강도가 센 만큼에 대한 보상이 없다는 것이 승무원의 불만이다.

#4
Tour & Culture

와인 이야기

1996년 가을, 한 미국 의사의 임상 실험 결과가 의학 잡지에 발표되었다. 프랑스 사람이 미국 사람보다 육류 소비도 많고 더 짜게 먹는데도 불구하고 고혈압과 심장병으로 인한 사망자가 미국보다 현저히 적다는 것에 의문을 품고 연구한 결과 보고서였다. 육류 소비가 많은 미국도 서방 국가와 차이가 없는 음식문화였다. 그러나 프랑스 사람의 식문화가 미국 사람과 차이가 있다면 이들이 식사 때마다 즐겨 마시는 적포도주였다.

이 사실에 관심을 두고 연구한 결과 적포도주에 있는 폴리페놀 성분이 심장병 예방에 도움이 된다는 결론이었다. 1995년 보르도 포도주 전시회에서 조사한 프랑스 사람들의 포도주 소비 성향에 의하면 프랑스 여성 66%가 포도주를 즐기며 이들 중에 43%가 적포도주를 선호한다고 했다. 포도주를 마시는 이유를 물어보니 황홀한 기분을 느끼

기 위해 마신다고 했다.

1989년 해외여행 자유화가 되고 여행 인구가 늘어나면서 비행기를 타면 남자들은 술 한 잔 마시는 게 로망이었다. 내가 입사한 1987년에만 해도 술 마실 줄 아는 남성은 위스키 한잔을 마시는 게 지금 승객들이 와인 마시는 것 이상으로 많았다.

미국 의사의 임상 결과가 발표되자 건강에 관심 많은 일부 부유층에서는 심장병 예방에 좋다는 사실에 약으로 마시는 사람들이 늘고 있다는 언론 보도도 있었다. 우리나라서 건강에 좋은 술로 와인이 소문나며 붐이 일어난 해를 2006년으로 보는데, 미국 의사의 임상 보고가 있은 지 꼭 10년이 흐른 후였다

프랑스 마고 와인 애호가였던 미국 건국의 아버지인 벤자민 프랭클린은 와인에 대해 이렇게 말했다. '비가 포도 위에 내리면 포도가 Wine이 된다는 사실을 신이 인간을 사랑하고 우리가 행복해하는 모습을 보고 싶다는 증거'라고.

그러면 이 와인은 어떻게 만들어지는가? 기록에 의하면 와인은 BC 3000년경부터 있었다고 한다. 인류 최고의 술인 와인이 만들어지는 화학 작용은 비교적 간단하다. 인체의 근육은 산소와 포도당을 가지고 피로 물질인 젖산을 만들지만, 포도 껍질에 있는 효모는 산소와 포도당을 가지고 알코올이라는 화합물로 된 것이 포도주다,

프랑스에서 좋은 와인을 알려면 먼저 Terroir(테루아) 개념을 알아야 한다. 포도나무 성장에 필요한 요소인 ―지역, 토양, 기후(비와 일조량)

이다. 프랑스 와인의 양대 산맥인 보르도와 버건디 지역의 포도밭에는 국가에서 최고 등급인 그랑 크뤼(Grand Cru)로 정해진 포도밭에서 생산된 포도주는 고가이며, 그 품질도 함께 인정해 준다.

보르도에서는 그랑 크뤼 1등급(5종)부터 5등급 와인까지 총 61종이 정해져 있고, 버건디에서도 33개가 그랑 크뤼 등급의 와인이 있다. 지역과 토양은 정해져 있지만 아무리 좋은 테루아도 자연의 도움인 비와 일조량이 도와주지 않는다면 좋은 포도주가 될 수 없다.

포도나무는 1헥타르(1㎢) 면적에 1만 그루가 심겨 있고, 보통 12그루에 포도주는 9병 정도, 코냑은 6병 생산된다고 한다. 이것을 15년 숙성하면 숙성 과정에 신이 마시는 물방울로 날아가고 3병으로 준다고 한다. 그래서 코냑이 와인 보다 비싼 이유라 생각하면 된다.

포도나무는 꽃이 피기 전 줄기 하나에 2개의 가지를 남기는 가지치기가 있고 뿌리가 잘 자라게 고랑을 정리하는 작업도 병행한다. 좋은 포도주를 위한 포도는 우리가 먹는 포도와는 다르게 껍질이 두껍고 과즙이 적어야 최상의 포도로 쳐준다. 이렇게 얻은 포도는 9월에 수확하면 바로 압착 하는데 전통을 고수하는 포도원서는 사람이 밟아서 하는 곳도 있지만, 대부분 기계로 즙을 짠다. 이 원액은 20일 정도 알코올을 만드는 발효 과정을 거친 다음 찌꺼기를 제거하고, 그 후 Oak 통에 담아 숙성(Aging)에 들어간다. 특히 사토 Petrus가 생산되는 보르도의 Pomerol 지역의 고급 와인은 15~20년까지 숙성시킨다고 한다.

포도를 생산하는 포도밭을 나라와 지역에 따라 부르는 이름도 다르다. 프랑스 보르도 지방은 Chateau(샤토), 버건디와 론 지방서는 Domain(도멘)이라 부

른다. 이탈리아는 Castello(카스텔로) 혹은 Tenuta(테뉴타)라 하고, 스페인서는 Bodesgas(보데스가) 또는 Castillo(까스띠요)라 하며, 독일서는 Weingut(바인굿)이라 부른다. 미국과 칠레서는 Winery 혹은 Wineyard 아니면 Cellar라 하고 캐나다서는 Estate(농장)로 통한다.

이처럼 포도밭 이름도 다르게 부르듯 각 나라에는 토종 포도 품종이 있다. 프랑스 보르도 지방의 대표 품종은 Carbernet Sauvignon(카베르네 쇼비뇽)과 Merlot(메를로), 그리고 Cabernet Franc(카베르네 프랑)이 있고, 버건디 지방에는 Pinot Noir(피노 누아)와 Charnonay(샤르도네)가, 그리고 호주의 대표 포도 품종으로 아는 사람이 많은 Syrah(시라)나 Syiraz(쉬라즈)는 프랑스 론 지방의 대표 포도다.

이탈리아로 가면 키안티 와인으로 유명한 토스카나 지방에는 Sangiovese(산지오베제)가 있고, 양대 산맥인 피에몬테 지방에는 Nebbiolo(네비올로)가 유명하다. 스페인에는 Rioja(리오하) 와인의 포도인 Tempranillo(템프라니요)가, 미국 캘리포니아에는 Zinfandel(진판델)이 대표 토종 포도다.

단일 품종의 포도보다 브랜딩 와인인 보르도 지방의 포도 특징에 관해 소개하면 다음과 같다. 카베르네 쇼비뇽은 뜨거운 기후를 좋아하지만, 당 함량이 낮고 탄닌이 많아 장기 숙성에 아주 좋은 포도며, 메를로는 카베르네 쇼비뇽에 비해 당 함량이 높고 탄닌이 적어 알코올 도수를 높이고 와인을 부드럽고 달콤한 맛을 담당한다. 반면 온화한 날씨를 좋아하는 카페르네 프랑은 와인에 향신료 역할을 하는 포도 품종이다.

그래서 모든 포도가 장기 숙성이 가능한 것이 아니다. 세계에서 가장 오래된 포도밭으로 기네스북에 올라가 있고 타냐넬로 와인 으로 유명한 이탈리아 토스카나 지방의 안티노리 양조장. 이곳의 주 품종인 산지오베제 품종으로만 양조하는 키안티 와인도 좋은 평가를 받지만, 장기 숙성하지 못해 항상 프랑스 보르도 와인보다 평가가 낮았다. 이 안티노리 사가 프랑스 보르도 지방의 대표 품종인 카베르네 쇼비뇽과 브랜딩해서 장기 숙성해서 나온 와인이 바로 타냐넬로 와인이다. 미국에서 이 와인이 품질이 뛰어나다며 부른 별칭이 수퍼 토스카나다. 이 와인이 전경련 사장단 모임 때 삼성그룹 L회장이 선물로 돌리며 우리 나라에서 유명해진 와인이다.

그러면 무슨 이유로 와인을 이렇게 좋아하는 사람이 많을까. 아마도 스토리텔링이 되기 때문이 아닐까 싶다. 이런 문화의 대표적인 것이 골프와 보이차도 있다. 이들 마니아는 같이 모이면 시간 가는 줄을 모른다. 두 가지 다 공통점이 있다면 많이 알면 알수록 어렵고 노력해야 한다는 것이다. 그래서 어디서 누구와 어떤 장소가 되던 다 스토리텔

링이 되고 같이 공유하기에 문화가 되는 것이다.

보이차 애호가들은 자기들이 마시는 차를 '마시는 골동품이다'고 자랑하며 말한다. 와인도 같은 포도 품종이라도 나라별로 그리고 기후 조건에 따라 다른 맛과 향이 나서, 알려고 하면 할수록 복잡하고 마시고 나면 스토리가 된다. 그러니 궁금함을 못 참는 사람들의 호기심이 만들어 낸 문화가 와인이 아닌가 싶다.

이렇게 와인 문화가 세계적으로 확산되면서 와인 소비도 해가 갈수록 많아지니 덩달아 가격도 많이 올랐다. 1988년 당시 D항공 일등석에 서비스되었던 보르도 마고 지역 2등급 와인이 20달러 정도였는데, 지금은 이 와인이 10배나 비싼 200달러 이상이다.

와인을 포함한 모든 술은 과음하면 건강에 해롭다. 이런데도 불구하고 파티 문화가 발달한 유럽과 미국은 물론이고, 술 문화가 발달한 동남아 국가서도 국민 소득이 높아지면서 와인 소비도 계속 확산하는 추세다. 해가 갈수록 기내서도 와인을 애호하는 승객이 늘면서 소비도 늘어가는 현상을 보니 말이다.

신기한 세계 풍물

1 하와이_야자 꽃술 따기

천혜의 낙원인 하와이 어디를 가도 야자나무가 많이 있다. 해마다 수백만의 관광객이 다녀가는 하와이. 와이키키 해변이나 바로 옆의 카피올라니 공원 등 섬의 어디를 가도 가장 눈에 띄는 나무가 야자나무다. 높은 것은 20미터가 넘는다. 이렇게 높다 보니 야자를 딸 때 사람보다 원숭이를 훈련해서 땄다고 한다. 그런데 사람들 왕래가 잦은 공원이나 해변의 야자나무에는 야자가 달린 것을 구경할 수가 없다. 돌덩이처럼 단단한 야자열매에 다칠 것을 염려하여 야자가 생기기도 전에 미리 잘라 버리기 때문이다.

만약 20미터나 되는 높이에서 야자열매가 지나다니는 사람의 머리나 신체에 떨어졌다고 상상해보라. 이런 위험을 염려해 시 당국에서는 꽃술이 달리면 잘라 버린다. 꽃술이 피는 2월경에 고가 사다리를 이용해 이 야자 꽃술을 잘라내는 작업 모습을 카피올라니 공원 같은 곳에서 목격할 수 있다.

2. 마카데미안로(路)

하와이의 3대 농산물이라 면 파인애플, 사탕수수 그 리고 마카다미아 열매다. 이 곳의 명물인 마카다미아 열 매(Nut)가 들어있는 초콜릿

을 총칭해서 하와이 초콜릿이라 부른다.

이 마카다미아 나무는 약 200년 전에 호주에서 들여온 것이다. 이것 이 많이 생산되는 곳은 하와이 7개 큰 섬 중에 가장 큰 섬인 하와이섬 이다. 이 섬은 와이키키가 있는 오하우섬의 7배 넓이며, 현지 사람은 Big Island라고 불린다.

이곳은 연간 2,500mm나 되는 강수량이 이 나무가 자라는 데 최적 의 조건을 만들어 주고 있다.

이 나무의 잎 모양은 상수리나무와 비슷하고 열매는 도토리 크기다. 익으면 열매를 싸고 있는 딱딱한 껍질을 밤처럼 벗기고 나오는데, 이때의 열매는 땅콩처럼 고동색 얇은 막에 싸여 있다. 이 막을 벗기면 흰 속살을 드러내는데, 맛은 볶기 전의 땅콩처럼 비린 맛이다. 이 열

매의 사용은 구워서 열매로 먹거나 초콜릿의 재료로 사용된다.

마카다미아를 수확해서 가공하는 공장이 있는 하와이섬의 요충 도시인 힐로(Hilo)는 호놀룰루 다음으로 큰 도시다. 가공의 부산물로 나오는 쓸모없는 마카다미아 껍질을 도로에 자갈처럼 깔았더니 타이어 마모도 적고 승차감도 탁월하다는 반응을 보여 아스팔트 대용으로 사용하게 되었다. 이 열매껍질을 깔아서 만들어진 도로가 마카다미안 길이다.

3. 시드니

시드니 시내를 돌아다니다 보면, 간이 식당이나 레스토랑 앞에 이런 팻말이 적혀 있는 것을 본 사람이 있을 것이다. 'B.Y.O(Buy Your Own)'. 이 뜻은 주류 면허를 얻지 못해 주류를 팔 수 없는 식당이나 레스토랑에서는 손님이 슈퍼나 마트에서 구매한 술을 가져와 마셔도 좋다는 말이다. 호주의 전체 국토 면적이 768만㎢(남한의 약 78배)에 인구는 약 2,530만 명이다. 이에 비해 애완동물이 이 인구 정도라고 한다. 고양이만 해도 네 집 건너 한 집이 키우고 있을 정도라고 한다. 그래서 T.V나 방송에 가장 비싼 광고 시간대인 프라임에 애완동물의 음식이나 액세

서리 광고가 많은 나라다.

시장 규모가 연 4조 원이 넘는 통계에서 말하듯, 이 나라 슈퍼마켓에
도 이들의 음식과 장난감 등을 파는 코너가 넓고 다양함에 놀란다.

4. 런던_술파는 시간

영국을 관광하다 맥주 생각이 나서 슈퍼마켓에 들러서 맥주를 담은
바구니를 계산대에 올려놓았더니 팔 수가 없다는 점원의 설명을 들
은 경험이 있을 것이다. 왜냐하면 영국에서 오후 5시 이전에 슈퍼마
켓이나 주류판매소(Liquor Store)는 판매가 금지되어 있다.

마시고 싶으면 카페나 Pub 레스토랑서만 가능하다. 오후 5시 이전에
슈퍼마켓에 가면 주류 판매대는 테이프로 들어가지 못하게 울타리를
쳐놓은 것을 볼 수 있다. 이것이 판매 시간이 아님을 알리는 뜻이다.

5. 카이로_물담배

카이로의 호텔이나 길거리를 지나다 보면 나이가 들어 보이는 사람들
이 모여 이상하게 생긴 호스를 입에 물고 연기가 나오는 모습을 본 적
이 있을 것이다. 이것이 아랍 국가에서 볼 수 있는 물담배–아랍말로
'시샤'라는 것이다. 만드는 방법은 담뱃잎을 물에 담가둬다 짜서 태울
부분에 몇 겹씩 감아놓는다.

이것을 피우기 위해서는 이 위에 불씨를 올려놓으면 축축한 담뱃잎이

탈 때 빨아 당기면 연기가
나오는데 이 연기가 물이
들어있는 유리병을 지난
후 비로소 입속으로 연기
가 빨려들어 간다. 이 유
리병에서 니코틴이 한번

걸러지기 때문에 담배는 순해진다고 한다. 이 담배는 한 시간 정도를
피울 수가 있고 사과나 박하 향을 섞어 즐길 수도 있다. 그래서 이 주
위를 지나면 특유의 이런 냄새를 맡을 수 있다.

6. 싱가포르_교통 정책

국토가 작고 도로 사정도 한정된 나라지만 한국보다 GNP가 2배가
넘는 싱가포르에서 자동차를 가진다는 것은 하늘의 별 따기와도 같
다. 대부분의 나라처럼 차만 구입하면 운행하는 것이 아니라, 한 해
에 배정된 자동차 수보다 신청자가 너무 많아 우리나라 아파트 추첨
하듯 배정된다.

그리고 자동차의 가격도 홍콩 다음으로 세계에서 제일 비싼 나라가
아닌가 싶다. 그만큼 특혜를 누리고 사는 만큼 대가를 치른다고 생각
하면 합리적이다. 이것은 싱가포르의 도로 사정을 고려한 이 나라의
정책이다.

경제가 발전하고 자동차를 소유하고 싶은 국민이 늘어나면서 그에

따라 불만도 자꾸 커져만 갔다. 그러자 나라에서 이 불만도 해소하고 교통 체증에도 큰 영향을 미치지 않는 두 마리의 토끼를 잡는 정책이 나왔다.

'주말이나 밤에만 운행' 하는 조건으로 허가한 차다. 평일에 운행하는 차는 검은 색 바탕의 번호판을 쓰는데, 주말 운행차는 주황색 바탕의 번호판으로 구별된다.

싱가포르의 도로 사정만큼이나 교통에도 각종 법규가 발달해 있다. 싱가포르에서만 볼 수 있는 독특한 도로 표지판이 있다. 도로 가장자리에 요철로 된 흰색 선인데, 우리나라도 이 제도를 도입했는데 오르막이나 학교 앞에 이 표시가 있다. Stop 없이 계속 주행하라는 뜻이며 멈추면 범칙금이다.

또 교차로에 황색 정사각형 속에 X자가 그려진 표시가 있다. 신호 변경 시 차가 이 영역에 들어가도 벌금이다.

7. 싱가포르 아파트

싱가포르의 관문인 창이 국제공항에서 C.T.E(도시 고속도로)를 따라 시내로 들어가면, 잘 가꾸어진 울창한 숲과 공원들이 먼저 시야에 들어온다. 그리고

여기를 약 십여 분을 달리면 여러 모양의 고층 아파트 단지가 오른쪽 차창으로 펼쳐진다. 이 나라도 국토가 좁아 아파트가 주택 대부분인 점은 한국 대도시와 비슷하다. 우리 아파트촌은 마치 성냥갑을 쌓아 놓은 것 같은 모양이지만, 반면 이곳은 각 동의 배치뿐만 아니라 외양도 각기 다른 모양을 하고 있다.

이런 집들을 자세히 보면 한 가지 공통점이 있음을 알 수 있다. 1층에는 건물 기둥만 있고 아무것도 없다는 점이다. 경제적인 관점으로 보면 비경제적이라는 생각이 앞설지도 모른다.

그러나 여기에는 상식을 초월하는 싱가포르 사람들의 지혜가 담긴 부분이다. 싱가포르는 연평균 섭씨 30도가 넘는 해양성 기후를 가진 열대 지방이다. 만약 1층을 우리나라와 같은 구조의 아파트를 지었다면 공기의 흐름이 차단되어 지열이 상승하게 되어 체감 더위는 더욱 올라갈 것이다. 이렇게 1층을 개방시켜 놓으면 건물 사이에 공기 흐름이 원활해져 시원한 느낌이 드는 것은 물론이고, 그늘을 만들어 주어 주민들이 쉴 수가 있는 휴식처를 제공하는 것이다. 그리고 소나기가 내릴 때 피할 장소도 된다.

8. 홍콩_자동차 번호 값?

1997년 중국으로 귀속된 홍콩. 서울보다 1.8배 넓은 면적에 인구는 720만 명에, 도로를 누비는 차량 대수는 서울의 312만 대(2019년 말 통계)에 비해 약 60여만 대에 불과하다. 이렇게 자동차 보유율이 낮은 이유는 차를 갖고 싶어도 여기에 따라오는 엄청난 세금을 감당하기 힘들기 때문이다.

한국 차로 예를 들면, 3,000만 원짜리 그랜저를 사면 차 가격의 75%인 2,250만 원을 등록세로 내야하고, 또 매년 등록세와 비슷한 보유세를 내야 한다. 이런데도 불구하고 특이한 점은 고급 자동차의 대명사인 벤츠나 롤스로이스가 전체 차량의 10%가 넘는다는 점이다. 그러나 홍콩 사람들이 정작 부러워하는 것은 400만 홍콩 달러에 달하는 롤스로이스 가격보다 행운과 부를 가져다준다고 믿는 행운 번호판에 있다.

광동어로 '부와 삶'의 의미를 지녔다는 '파(發)' 발음인 8자 번호판이 1988년에 510만 홍콩 달러에, 닭띠 해인 1993년엔 닭 머리 모양과 비슷한 '만사형통'의 뜻을 내포했다는 易(이)인 2자 번호판은 무려 950만 홍콩 달러에 팔리는 기록을 세우기도 했다.

이 숫자 말고도 삶을 뜻하는 3(生), 재물을 표시한다는 6(祿), 그리고 장수한다는 9(久)자도 좋은 숫자로 높은 가격에 낙찰되었다.

홍콩 교통부는 이렇게 번호판 경매로 모은 수익금은 자선 단체 기금으로 활용하고 있다. 홍콩의 이런 배보다 배꼽이 더 큰 자동차 번호판에 대한 뿌리는 중국인들 일상생활을 지배하는 이런 수에 따라 복을 받는다는 풍수 사상 때문이라 한다.

9. 일본_가고시마의 화산

일본에서 비행기를 타고서 볼 수 있는 경치를 꼽으라면 대부분 일본의 영산인 후지산이라 할 것이다. 나리타에서 부산으로 가는 비행기에서, 이륙 후 약 10분 정도 있으면 왼쪽 창으로 여기를 가장 가깝게 볼 수 있다. 또 하나의 명물을 꼽으라면 가고시마 앞섬인 사쿠라지마 화산을 들고 싶다. 이 섬은 원래 섬이었으나 1914년 화산 활동이 재개되어 흘러내린 용암이 육지와 연결되어 버렸다. 지금도 해발 1,117m의 산정에서 하루에도 몇 번씩 분화하고 있는데, 화산의 연기가 마치 곰방대 연기처럼 피어나는 것을 비행기 안에서 선명하게 볼 수 있다. 이 광경이 보이는 시점은, 가고시마 공항 착륙 5~10분 전쯤 비행기가 이 주위를 선회하면서 착륙 기어를 내린다.

10. 라스베이거스_호텔에 욕조가 없다?

네바다 사막 위에 건설된 라스베이거스는 도박이 관광 상품이다. 카지노는 도박의 미화된 말이다. 로버트 드니로와 샤론 스톤이 주연한 영화 '카지노'나, 미드인 'CSI: Las Vegas' 등에서 이곳의 단면을 잘 볼 수 있다. 세계적인 이벤트인 유명 스포츠, 박람회, 그리고 국제회의를 개최해 관광객을 끌어모으는 도시다.

대부분 호텔은 카지노를 가지고 있다. 특급 호텔도 하루 묵는 비용은 아주 저렴하다. 주 수입원이 카지노이다 보니 숙식은 저렴하게 실비로 제공하는 것이다. 이곳
의 중앙로인 Strip 거리를
따라 지어진 유명한 호텔
은 대부분 욕조가 없음을
보고 놀라 예약해 준 여행
사를 욕했을지도 모른다.

여기에 기발한 상술이 숨어 있다는 것을 알면 카지노에 관광객들이
항상 붐비는 이유를 이해할 수 있다.

카지노서 누구나 쉽게 즐길 수 있는 것은 슬롯머신이고, 반면 룰
렛이나 블랙잭은 베팅 단위도 크고 이론을 알아야 한다. 도박이란
하다 보면 오기가 생기고 돈을 따고 싶다. 그리고 행운이 옆에 있을
것 같은 착각에 큰돈을 꿈꾸며 승부를 걸어보지만, 결과는 대부분
빈털터리가 되어 방으로 돌어오면 그동안의 긴장했던 피로가 한꺼번
에 엄습한다.

만약 욕조의 따뜻한 물속에 몸을 담근다면 엄습하는 잠을 피할 수가
없을 것이다. 그러나 방에는 샤워 시설밖에 없어 샤워만 하고 나니 피
로는 흘러내리는 물과 함께 사라지고 새로운 기분으로 바뀐다.

정신이 들면 조금 전의 불운은 까맣게 잊어버리고 또 다른 행운이
올 것이라 믿으며 본전 생각으로 로비로 내려간다. 이번에는 승리의
여신이 찾아올 것을 굳게 믿으며.

11. 바레인_사막 GOLF

세상에는 우리의 상식을 뛰어넘는 일이 주변에 많이 있다. 골프 하면 무엇이 떠오릅니까. 우거진 숲과 호수를 끼고 잘 손질된 그린을 생각할 것이다. 그러면 잔디가 없는 사막 나라에서 골프를 즐길 수 없는 것일까. 아니다. 사막에서도 골프를 할 수가 있다. 세상에는 궁하면 통하는 것이다. 이런 골프장이 있는 나라는 U.A.E나 바레인같이 회교국이면서 국제적인 교역이 활발한 나라의 대도시 주변에 있다.

골프장을 만들기 위해서는 산과 산림을 뒤엎으며 자연을 파괴하는 행위지만 척박하고 황량한 사막에 잔디를 깔아서 만든 골프장이면 자연을 가꾸는 일일 것이다. 그러나 이런 상상과 달리 사막의 골프장에는 잔디는 어디에도 찾아볼 수 없다. 단지 골프의 흉내를 냈을 뿐이다.

티샷해서 정리된 Fairway 구역에 들어가면 골퍼는 지참하고 있는 매트 위에 공을 올려놓고 다음 샷을 할 수가 있다. 이 구역을 벗어나면 벙커에 빠진 공을 치듯이 모래 위에 있는 대로 쳐야 한다. 홀 컵이 있는 그린도 이곳 상황에 맞게 만들어져 있다. 미세한 모래에 점도가 있는 기름과 혼합해 굳혀 만든 그린은 실제와 거의 같은 느낌의 퍼팅을 느낄 수 있다고 한다.

12. 브라질_알코올 자동차

국토 면적이 855만㎢로 세계에서 5번째로 큰 땅덩이를 가진 브라질은 국토가 넓어 일찍부터 교통망이 발전했다. 이 나라의 특징이라면 알코올을 연료로 쓰는 자동차가 많다는 것인데, 한때 승용차의 90%까지 육박했지만 지금도 40% 정도가 알코올을 연료로 사용한다. 이 나라가 자랑하는 세계 1위의 천연자원인 사탕수수에서 축출한 알코올을 휘발유 대신 사용하는 것이다. 이 알코올은 사람이 먹어도 되는 농도가 높은 알코올 즉 술이다.

사탕수수로 만든 알코올 600cc 1병이 슈퍼마켓보다 주유소에서 사면 7~8배 싸게 살 수 있다. 이게 알려지자 주유소서 알코올을 사는 사람들로 장사진을 이루었다. 그러자 당국에서 이 왜곡된 현상을 막기 위해 알코올에 휘발유를 섞어 마시지 못하도록 했다.

알코올 자동차의 한 가지 좋은 점이 있다면 비상시에 사탕수수 술을 자동차의 연료로 사용할 수 있다는 점이다. 이런 자동차의 트렁크에는 이런 술이 예비 타이어처럼 준비되어 있다.

또 하나 이 나라의 자동차에 신기한 모습이 하나 있다. 고속도로를 달리는 대형 버스나 트럭을 보면 바퀴 부분에 이상한 점을 발견할 수가 있다. 휠 커버의 중앙을 차체서 나온 손가락 굵기의 선으로 연결되어 있다. 이것이 브라질에만 있는 대형 자동차의 안전장치다. 이 줄이 하는 역할은 다음과 같다.

첫째, 차의 바퀴에 신선한 공기를 주입하여 항상 일정한 공기압을 유지 시킨다. 장거리를 달리는 차에 공기를 주입함으로써 뜨거워진 타이어를 식혀주는 역할이다.

둘째, 고속 주행 중에 타이어의 펑크는 대형 사고로 이어진다. 이러한 위험을 방지하기 위해 이 장치를 통하여 각 타이어의 상태를 운전사가 계기판으로 확인할 수 있는 장치다.

13. 캐나다_밀수 담배

국토 면적이 998만㎢로 남한의 100배나 넓지만, 인구는 고작 3,700만인 나라 캐나다. 관광 수입을 통한 경제 활성화 정책으로 한국과는 1993년에 비자 없이 입국하도록 문호를 개방했다.

캐나다에 처음 와서 놀라운 것은 이 나라의 높은 세금이다. 각종 상품과 서비스에 붙는 세금인 GST는 5%로 고정이지만, 여기에 주 정부 세금인 PST가 붙는다. 한국인이 많이 사는 온타리오주 PST가 8%라 합계 13%의 세금이 붙는다.

또 하나 놀라운 것은 담배 가격이 엄청나게 비싸다는 것. 호주가 한 갑에 한화로 계산해 약 2만 원으로 가장 비싼 나라며 캐나다는 만원이 약간 넘는다. 이웃 미국도 이제는 많이 올라 6,700원 정도다.

그러면 캐나다서 담배가 이렇게 비싼 이유는 무엇인가.

첫째는 병원에서의 어떤 치료든 무료로 해줄 정도로 사회 복지가 잘 된 나라다. 그러나 의료 재정 적자를 감당하지 못한 끝에 담뱃세를 도입해서 충당한다는 취지였다. 둘째는 국민 건강을 위해 금연을 유도해 담배로 인한 질병을 막으면 의료 적자도 더불어 줄일 수 있을 것으로 본 정책이었다.

이 정책의 취지는 나무랄 곳 없이 좋았다. 그러나 부작용은 엉뚱하게 나타났다. 캐나다서 미국으로 수출한 담배가 캐나다로 역수입되어 들어왔다. 정상적인 루트가 아닌 국경을 접하고 있는 도시로 밀수품으로 들어왔다. 1993년 한 해에만 소비량의 25% 정도가 반입되었다는 통계다. 이 밀무역이 가장 대규모로 이루어졌던 도시는 미국 뉴욕주 루즈벨트타운시와 강의 다리만 건너면 나오는 온타리오주의 콘웰(Cornwall)시다. 온타리오주와 미국 뉴욕주는 Saint Lawrence 강이 흐르고 있는데, 이 강에는 1,864개의 섬이 있어 천 섬(Thousand Island)으로 더 잘 알려진 강이다.

이런 밀매가 엄청나게 남는 장사가 되다 보니 마피아까지 개입하게 되었고, 시 당국은 이 무역을 일망타진하기 위해 전쟁을 선포하며 필사적으로 막으려 하고 있다. 그래서 이 당시 콘웰시에서 방탄복을 입고 중무장한 경찰을 보는 것은 흔한 일이다.

14. 파리_지하철 음악회

몽마르트가 무명 화가들의 기회의 터전이라면, 파리 지하철역은 유명 무명 가수나 연주가가 솜씨를 뽐낼 수 있는 무대다. 이 역들은 1호선의 콩코드와 샤틀레역, 4호선의 생드니와 오데옹역, 그리고 몽파르나즈역

과 8호선의 오페라역이 환승역이라 관중이 많이 모이는 곳이다.

오데옹에는 하프, 생드니역은 아코디언, 몽파르나즈역은 바이얼린과 라틴 음악을, 콩고드 역에는 클라리넷 그리고 루즈벨트역에는 색소폰 연주자가 청중을 기다리고 있다.

이들 메트로 연주자들은 연주 장소를 찾지 못한 지망생부터 취미로 하는 전문 연주자, 심지어 돈벌이로 나선 연주자부터, 교향악단 소속 전문 음악인 공연도 들을 수 있는 음악회장이다.

1977년 파리를 인간 중심으로 도시로 만든다는 취지로 시작한 이 문화 공간에서 연주나 노래 활동하기 위해서는 시에서 발급한 허가증이 있어야 한다. 국적이나 악기의 제한 없이 골고루 발급한다고 한다. 1995년 공식 허가자가 200명에, 대기자만 120명이 넘었다. 특히 금요일과 토요일 오후가 절정이다. 이들의 연주를 듣고 CD를 팔아주거나 그들 앞에 있는 바구니에 동전 몇 닢만 건네주면 파리의 자유로운 문화를 맛본 값이다.

이 제도는 1985년 뉴욕시에서 MUNY(Music Under NY)라는 프로그램으로 도입해, 지린내와 쥐들로 악명 높은 지하철역에서 뉴요커의 눈과 귀에 향기를 전달하는 음악가들이다.

15. 모스크바_여기가 거기?

모스크바에서 가장 높은 곳인 레닌 언덕에 높은 건물이 러시아 최고의 대학 모스크바 대학. 제일 시야를 채우는 중앙 건물이 30층짜리 바로크 양식인 대학 본부 건물이며, 양옆에 있는 17층짜리 쌍둥이 건물이 기숙사다.

시내로 들어와 서울의 대학로 거리와 같은 곳인 아

르바트(Arbat) 거리를 가다 보면 모스크바 대학에서 본 건물과 똑같은 건물을 보게 된다. 순간 이곳이 모스크바 대학 뒤쪽인가 하는 착각에 빠진다. 그럴 만도 한 것이 모스크바에는 똑같은 건물이 7개나 있다. 이 프로젝트는 모두 스탈린 통치 시절 계획한 것이며, 특히 그가 좋아했던 건축 양식은 화려하며 유럽의 궁정과 귀족들 저택 장식에 많았던 바로크 양식이었다.

쿠투조프 대로의 우크라이나 호텔, 콤소몰 광장의 레닌그라츠카야 호텔, 봉기 광장의 문화인 아파트, 모스크바강과 야우자 강이 만나는 지점의 예술인 아파트, 아르바트 거리 앞의 외무성 건물, 콤소몰 광장의 연방 운수 건축위원회 건물, 그리고 모스크바 대학 본관이다.

16. 암스테르담

암스테르담 시내를 거리를 자세히 보면 우리나라 도로에서 볼 수 없는 것이 있다. 대로의 가운데 2개 차선은 이곳 대중교통인 트램(Tram)이 다니고, 그 양편이 자동차가 다니는 도로며 이곳과 인도 사이에는 자전거 전용 도로다. 그래
서 교차로에는 이 나라만
의 독특한 신호등이 있다.
신호등에 자전거가 그려
져 있다. 빨간 등은 멈춤
이고 파란 등은 통행이다.

암스테르담은 인구 대비 세계에서 가장 자전거가 많은 도시다. 인구
80만 명에 인구의 75%에 달하는 약 60만 대의 자전거를 보유하고
있으며 25만 명이 자전거로 출근하고 있다. 시 당국도 대중화된 자
전거 인구를 보호하기 위해 도로에 자전거 전용 도로가 따로 마련되
어 있다. 교통의 최우선 순위가 자전거다. 그래서 자동차가 시내 주행
중에 자전거와 충돌하는 사고를 내면 운전자가 모두 배상해야 한다.
이곳의 가장 번화가며 넓은 도로인 담락 대로에도 자동차가 다닐 수
있는 차선이 한 차선뿐이다. 반면 자전거 도로는 길 양편에 차선보다
넓은 공간을 차지하고 있다. 자전거가 대중교통의 30% 가까이 분담
하다 보니 시내는 다른 유럽 도시처럼 자동차의 물결은 물론 교통 체
증도 없는 것을 보면 놀란다.

〈암스테르담의 유곽〉

일찍이 항구 도시로 발달한 암스테르담은 함부르크와 함께 세계 뱃
사람들의 낙원으로 알려져 있었다. 몇 달 동안 대서양의 파도와 힘든
항해 끝에 도착한 이곳은 이들의 외로움과 노고를 풀어줄 시설이 잘

갖추어져 있기 때문이다.

이곳의 유곽은 중앙역을 나와 담락 대로 왼쪽을 따라가다 증권거래소 건물서 왼쪽으로 꺾어 들어가면 두 개의 운하, Voorburgwal과 Achterburgwal와 만나게 된다. 이 운하 연변이 암스테르담의 명물로 자리 잡은 공창 지역인 유곽이다.

땅거미가 질 무렵 이곳의 영업이 시작되는 시간에는 어느 나라에서도 볼 수 없는 지역이라 눈요기로 즐기려고 관광객이 몰려드는 시간이다. 공식화된 성의 상품화 현장을 볼 수 있는 곳이라 관광객의 호기심을 자극하기에 충분하다. 그래서 여행사들이 암스테르담에서 빼놓을 수 없이 일정에 포함하고 있다.

현관이며 쇼윈도인 유리 너머에는 핑크빛 조명에 반라 차림으로 시선을 끌기 위한 각가지 자세를 하고 있는 인간 마네킹이 그녀의 사랑을 사라며 관광객에 호소하고 있다. 이들이 있는 옆이나 뒤에 커튼이 쳐진 방에는 하얀 침대가 지키고 있다.

이 사창가의 골목 구석구석을 다 보려면 한 시간은 족히 걸릴 만큼 규모가 엄청나게 큰 것에 다시 한번 놀란다. 유곽은 대부분 그 나라 사람이지만 이곳은 세계 각국의 인종과 피부색을 가진 여성들이 모두 있어 작은 지구촌을 보는 것 같다. 출입문 문설주 위의 주황색 등이 켜져 있으면 외출 중이거나 영업 중이란다.

17. 사우디에서의 술

이슬람 율법이 엄격한 사우디아라비아는 시아파의 종주국이다. 마호메트 사후 선출된 종교 지도자의 통칭인 이맘(Immom)의 정의에 따라 수니파와 시아파로 나누어진다. 술탄과 칼리프를 겸직하며 절대적 권력을 갖는 종교 지도자가 시아파며 이슬람 근본주의라 한다. 이슬람이 금지 음식의 하나가 술이지만 이것에 대해서도 가장 엄격한 나라라 할 수 있다.

인류 역사에서 뿌리 뽑으려 해도 안 되는 것이 있다면 매춘과 술이 아닌가 싶다. 이런 나라에도 암시장에 가면 술을 구입할 수 있다. 그러나 경찰에 걸리기라도 하면 어떤 나라보다 엄한 처벌을 받는 것이 차이다.

요즘은 볼 수가 없지만, 수도인 리야드에서 서울로 오는 비행기에 종종 머리를 빡빡 밀고 풀이 죽어 있는 근로자를 목격하곤 한다. 대부분이 술을 과하게 마시고 단속에 걸려 수형을 마치고 추방되는 사람이다. 이렇게 엄격하니 술의 반입은 보통 강심장이 아니고는 엄두를 낼 수가 없다. 술 반입이 어려워지자 어딜 가도 생활력 강한 단군의 후손들은 반입에 문제가 없는 누룩을 가지고 갔다. 고유의 술 막걸리를 만들기 위해서다. 이들이 이렇게 몰래 만들어 마시는 술을 발효주란 뜻의 '싸대기'며 중동 근로자의 애환이 담긴 밀주다.

이런 소문이 퍼지면서 술을 만들어 마시는 것은 한국인만이 아니었다. 각 나라 근로자들은 토속 주를 만들어 먹는 방법을 공유하게 되었다. 프랑스인은 포도를 병에 짓이겨 효모를 넣어 포도주를 만들어 먹었고, 아일랜드인은 사과주스에 이스트를 넣어 사과술을, 그리고 독일 근로자는 맥주보리를 가지고 와서 맥주를 숙소에서 몰래 만들어 마셨다.

18. 사막 속의 밀밭

사우디아라비아 국토 면적 215만㎢는 한반도의 10배에 가까운 넓은 나라다. 국토 대부분은 사막이다. 가장 큰 사막인 Rub'al Khali의 넓이만 한반도의 3배다.
사우디는 전통적으로 농업과

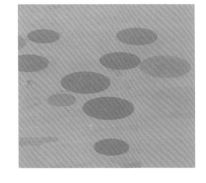

가축이 기본 산업이었지만 주요 식료품은 부족해 수입에 의존했다. 1970년대 중반부터 석유의 수출로 넘쳐나는 오일 달러를 경제 개발에 투자했다. 농업에 투자하는 게 핵심 목표였다. 이 투자의 성과는 1980년대 후반기에 나타났다. 수입해왔던 이들의 주식인 밀(Wheat)이 이제는 남아돌아 수출하게 되었다.

대규모로 생산되는 밀은 사막에서 생산되고 있다. 이 사막 속의 밀밭은 비행기에서 내려다볼 수 있는 사막의 색다른 모습으로 수놓고 있다. 사우디 제2의 도시인 제다를 이륙해서 바레인으로 향하는 비행기서 약 50분 지나 사막을 내려다보면 황량한 사막 가운데에 이 밀밭을 볼 수 있다.

이 항로에서 사막의 모습은 일반적인 생각과는 달리 여러 모습이다. 처음에 눈에 들어오는 것은 모래 언덕에 물을 부으면 만들어진 것 같은 물이 흘러간 흔적이 어지럽게 보인다. 조금 더 지나면 경사가 가파르지만, 나무라곤 하나 없는 산맥이 나타나고, 이 산맥을 넘어가면 고원 지대가 나온다. 이곳에 회색빛 사막에 크기가 다른 큰 녹색의 원들이 물감을 칠해 만들어놓은 것처럼 사방에 펼쳐있다. 너무 많아 헤아릴 수도 없다. 이것이 이 나라의 젖줄인 밀밭이다.

공중서는 이렇게 작게 보이지만 지름이 500m가 넘는다. 이곳은 자동화와 기계화된 농업 지대다. 관계 시설과 스프링클러 시설이 잘 갖추어진 사우디의 첨단 농업이 있는 곳이다. 이 밀이 한국 근로자들이 일명 '걸레빵'이라 부르는 사우디의 주식 맨세프의 원료가 되는 식량이다.

19. 샌프란시스코 케이블카

인구 약 73만 명의 샌프란시스코, 이 도시를 대표하는 상징물이라면 금문교와 케이블카다. 케이블카라고 하면 공중을 오가는 케이블로 움직이는 탈 것으로 생각한다. 그러나 샌프란시스코 케이블카는 반대로 케이블이 도로 밑으로 들어가 있다.

이것을 타면 신기해하면서 어떻게 움직이고 있는지 대부분 잘 모르는 것 같다. 이 차가 다니는
길인 약 60cm가량의 레
일만 보면 노면 전차와 비
슷하다. 그러나 레일 가운
데는 엄지 굵기의 틈이 있
다. 이 속에 케이블이 돌

아가는 곳이며 케이블카의 운행 원리다. 이 케이블에 운전사가 연결
하면 움직이고 끊으면 정지하는 아주 단순한 원리인 이 차의 좌석은
30석이고 차 양편에는 탑승자들이 매달려서도 갈 수 있게 해놓았다.
이 차가 종점에 도착하면 방향을 전환하는데 이것도 원시적이며 재미
있다. 운전사와 조수(승객들의 안전과 요금을 담당)가 내리고 밀어서 원형
판에 차를 밀어 넣는다. 한 사람은 고정된 원판이 돌아가게 줄을 당
기고 다른 사람이 차를 밀어서 가는 방향의 레일에 맞추면 원판에서
밀어내어 출발한다. 출발을 알리거나 지나는 길 앞에 차나 사람이 있
을 때 알리는 종소리는 먼 옛날 학교에서 듣던 '땡땡땡' 소리다.
1990년, 2달러 운임으로는 불어나는 적자가 부담되고 또 차량 흐름
에 방해가 된다는 여론에 밀려 운행 중단을 발표했다. 그러자 시민
들이 시의 상징물이 사라진다는 강한 반대에 부딪혀 백지화되었다.
지금은 요금이 편도 6달러로 3배나 올랐지만, 종점에는 타려는 사람
으로 항상 북적이며 긴 줄을 만드는 명소다.

20. 미국식 셈

미국에 처음 와서 슈퍼마켓에서 34달러어치의 식료품을 사고 50 달러 지폐를 내밀었다.

점원은 POS 모니터를 보고 거스름돈을 준비하더니 그 돈을 받기 위해 내민 손위에 1불 지폐를 하나씩 놓으며 헤아렸다.

35(Thirty-five), 36, 37,..., 40(Forty). 그리고는 $10 지폐를

1장 놓더니 50(Fifty)이라 하고는 계산을 마쳤다. '50-34=16'인 뺄셈은 초등학생이면 바로 할 수 있는 암산을 이상하고 어려운 방식으로 하는 이 점원을 보고 뺄셈도 모르는 사람으로 치부했다.

이들은 구매한 금액과 거스름돈으로 지불한 금액과 맞춰 가는 셈이다. 즉 뺄셈은 계산기가 하면 그것을 덧셈으로 더해서 두 계산이 맞게 하는 것이다. 암산이 빠른 한국 사람에는 분명 이해할 수 없는 대목이다.

몇 십 년이 지난 지금도, 미국 어디를 가도 이런 식의 셈이 치러지고 있다. 적은 돈 단위 센트부터 큰 단위 지폐로 오름차순 계산하는 이 방법이, 주소 쓸 때 우리와 반대로 번지수를 먼저 쓰는 것만큼이나 불편한 문화 같다.

21. 이탈리아_ZTL

나라 전체가 유적지라고 말해도 과하지 않은 나라 이탈리아. 로마에 가면 로마법을 따르라는 말이 있다. 지금은 이탈리아 관광을 잘하려면 ZTL(Zona Trafficco Limitato) 규정을 따르지 않으면 여행에 낭패당할 수 있다. ZTL를 해석하면 '교통 제한 구역'이다. 여행객이 많이 찾아오는 관광지는 주민들의 주거지다. 주민의 안전과 주민의 주차 공간 침해를 방지하기 위해 설정해 놓은 구역이다. 우리나라의 '거주자 우선 주차' 지역과 비슷하다고 생각하면 틀림없다. 관광지에 가면 태우고 간 버스들이 관광지와는 먼 지역에 주차하고 많이 걸어가야 했던 이유다. 렌터카를 이용해 이런 지역을 여행할 예정이라면 단속을 위해 설치된 Radar(CCTV)를 내비게이션에서 잘 확인하고 주차해야 한다. 그리고 ZTL APP을 활용해 단속 구역이 아닌 주차장에 주차하고 불편해도 관광지까지 조금 걸어가야 한다. 주차 구획선이 없다고 골목에 안심하고 주차하다가는 최소 80유로 벌금은 각오해야 한다.

하와이 렌터카 개척자들

세계 10대 경제 대국으로 국력이 향상된 지금은 한국 운전 면허증으로 외국에서 차를 빌릴 수 있는 나라가 많아졌지만, 1989년 완전 여행 자유화가 실시되기 전에는 반드시 국제 면허증을 발급받아야 빌릴 수가 있었다.

1987년 9월 **일, 비행에서 자주 만나다 보니 친해진 보안 승무원 B씨와 하와이 호놀룰루 비행도 함께 가게 되었다. 꿈에도 그리던 하와이에 처음 간다고 하니 나를 투어 시켜 주겠다 했다. 싸게 이 오아후 섬을 일주하는 방법은 렌터카를 빌려 한 바퀴 도는 것이지만 국제 면허증을 발급받아 가지고 있는 사람이 아무도 없었다.

그래도 한번 부딪혀 보자며, 숙소인 와이키키 리조트 호텔 근처에 있는 한 렌터카 부스에 갔다. 곰처럼 몸집이 큰 폴리네시아인이 우리를 맞이했다. 렌터카를 하고 싶다며 묻지도 않았는데도 항공사 승무원이라며 먼저 I.D카드를 보여 주었다.

면허증을 달라는 말에 한국 면허증밖에 없다며 그것을 내밀었다. 면허증의 앞뒤를 이리저리 뒤집어 보던 이 직원은 안 된다는 표시로 고개를 저었다. 그럴 수밖에 없었던 것은 지금 면허증에는 영어로 'Driver's Licence'라는 말이 한국어와 병기되어 있지만, 이 당시 면허증에는 한국어로만 적혀 있었기 때문이다.

이런 상황을 미리 알았는지 아니면 한번 해보았던 일인지는 모르겠으나, B씨는 가방에 넣어 다니는 영한사전을 주머니에서 꺼내어 'Driver'라는 말이 한국어로 '운전'을, 그리고 'Licence'가 '면허'라는 것을 면허증과 사전에 적힌 글자를 퍼즐 맞추듯 한 단어씩 번갈아 짚어가며 확인시켜 주었다.

그는 우리가 승무원이라는 신분이고 운전면허증임을 확인시키는 노력에 믿음이 갔는지 우리에게 차를 빌려준다고 했다. 키를 건네주면서 그가 당부한 말, "경찰에 단속되지 않도록 조심하라."

이후, 이 사실은 승무원들의 입에서 입으로 승무원들 사이에 퍼져 나갔다. 그 렌터카 대리점에는 차를 빌리려는 D항공 승무원들로 붐비게 되었고, 우리가 가면 "Hello나 Aloha" 대신 "안녕하세요."라며 서툰 한국말로 인사했다.

1990년 6월 **일, 입사 후 처음 이곳에 왔다는 후배에게 하와이 투어를 위해 그곳을 찾았으나 그 가게는 헐리고 그 자리는 주차장으로 사용하고 있었다. 나는 근처의 다른 렌터카 회사로 가서, 한국 면허증으론 빌려줄 수 없다는 직원의 말에 3년 전 B씨가 했던 것처럼 사전과 면허증을 번갈아 가며 확인시키는 억지를 썼다. 여기서도 결국 나의 노력이 성공했다.

이곳 하와이에 한국 관광객이 늘어 한해에 10만 명이 넘는 관광지가되었다. 이런 영향인지 아니면 한국 관광청의 요청에 규정을 바꾼 것인지는 알 수는 없지만, 1992년부터 이곳 하와이 렌터카 부스 어디서나 사전 없이도 한국 면허증으로 차를 빌릴 수 있었다.

시차(Jetleg)

장거리 해외여행을 하는 사람들에게 가장 힘든 일 중 하나가 시차다. 인간 신체의 통제소인 뇌는 그 사람의 행동 습관에 따라 맞추어진 하루 주기의 내적 시계가 있다. 갑작스럽게 변하면서 일어나는 신체의 생리적인 무질서가 항공 용어로 '시차증(Jetlag)'이라 한다. 이것의 증상은 몸이 쉽게 피로해지거나 밤낮의 변화에 의한 수면 장애와 식욕 부진, 그리고 불규칙한 배변 현상 등이 따른다.

서울서 오전 10시에 출발하는 뉴욕행 비행기를 타고 시차 여행을 해보기로 하자. 서울서 뉴욕까지의 거리는 12,199㎞. 14시간가량 비행하고 뉴욕에 도착하면 한국 시각은 밤 12시 30분이지만, 여기는 아직도 같은 날 오전 10시 30분이다. 시차를 생각하지 않으면, 뉴욕까지 비행한 시간만을 계산하면 고작 30분의 시간 여행을 한 셈이다.

타임머신이 나오는 영화 'Back to the future'의 주인공이 된 느낌이다. 비행기서 잠은 몇 시간을 충분히 잤는데도 불구하고 도착하니 몸은 이유도 없이 피곤하고, 눈꺼풀은 밀려오는 졸음에 계속 내려온다. 그래서 잠을 청해보지만, 여행의 설레임 때문인지 아니면 해가 눈부시게 떠 있는 탓인지 잠은 오지 않는다. 잠을 포기하고 숙소 주변에 산책이라도 하러 갔지만 10분 정도 걸으니 사지에 힘이 빠지는 듯한 무기력감을 느낀다.

이런 불편한 증상이 해외에서 가장 먼저 만나는 시차 현상이다.

서울과 뉴욕의 시차는 14시간이다. 서울과는 낮과 밤이 거의 정반대다. 활동하기 가장 좋은 시간인 뉴욕의 오후 2시가 서울은 자정이다. 잠을 설치며 일어나 관광이 시작되는 이튿날 아침, 그동안 사진서 보아왔고 기대했던 자유 여신상, 타임스퀘어, 록펠러 센터 그리고 엠파이어 스테이트 빌딩 등 이곳의 명소를 찾아가 본다.

겨우 세 너 곳을 다녔을 뿐인데, 걸음이 무겁고 힘들어 벤치만 있으면 쉬고 싶어진다. 또 차에만 오르면 하품과 졸음이 하염없이 몰려온다. 이러면 그렇게도 그리던 구경도 귀찮아지고 오직 잠이나 잤으면 하는 마음만 가득하다.

이것이 한국의 시간에 맞춰진 신체 생체 리듬이 현지의 주기로 재조정하면서 일어나는 생리적 무질서 현상인 시차증이다. 갓 태어난 아기가 낮과 밤을 구분을 못 하고 엄마가 자야 하는 밤에 깨서 노는 것처럼. 시차가 바뀌는 생활을 일상처럼 해야 하는 승무원도 이 시차라는 어려운 방정식을 풀어낸 사람은 아무도 없다. 비행 근무하면서 가장 큰 애로 사항도 바로 이 시차다. 이런 생활을 오래 한 사무장은 자신만의 시차 극복에 관한 비결을 가지고 생활하지만, 이것도 심리적인 자기 방법이지 치료 약은 아닌 것 같다. 그런 방법들은 대개 이렇다.

우선 잠으로 해결하려는 사람들이 제일 많다. 시차 극복을 위해서 무조건 많이 자야 한다는 강박 관념을 가지고 있는 사람들이 승무원이다. 비행 후 몇 시간은 자야 한다는 심리적인 부담 때문에 설정된 시간 이상으로 자면 몸이 가볍고, 만약 그 이하로 자고 나면 피곤하다고 느낀다.

어떤 사람은 잠을 청하기 위해 술을 몇 잔 마시는 사람도 있다. 알코올이 혈액을 강제 순환시켜서 잠을 잘 오게 하는 방법일 것이다.

비행 경력이 많은 사무장이 많이 하는 방법은 한국시간에 맞춰 현지서도 그대로 생활한다. 뉴욕 같은 한국과 정반대 생활권서도 한국시간에 맞춰 식사하고, 또 오후라도 한국의 밤이면 자는 것이다. 이 방법은 장이 나쁜 사람이 효과를 보았다고 한다.

그래서 이 시차의 그물에서 벗어나는 효과적인 방법이 없을까를 연구한 사람들이 방법을 제시하곤 했다. 한 의사는 목적지의 햇볕을 많이 쬐라고 추천했다. 머리 위를 쬐는 햇볕이 몸의 생체 리듬을 조정하는 인자가 수면을 관장하는 호르몬인 멜라토닌을 만들어 내어 밤에 숙면을 잘 할 수 있게 해주어 이것의 극복이 빨라진다는 가설이다.

다른 하나는 일본 사람이 쓴 책에 나오는 시차 극복 방법인데, 이 책에 따르면 목적지에 도착해서 잠을 잘 때는 머리를 북쪽을 향하라고 했다. 우리 몸의 생체 리듬이 지구의 북극에서 남극으로 흐르고 있는 자기장과 연관이 되어있다는 가설이다. 지구 자장의 차이가 있는 지역을 이동했을 때 이 자장의 혼란이 시차증이고, N극인 북쪽으로 머리를 두고 자면 지구 자장이 우리 몸의 혼란된 자장을 바로 잡아준다는 설이다. 그래서 시차 극복에 도움이 된다는 설이다.

멜라토닌이 약으로 판매되면서 시차 극복에 도움이 된다는 사람들의 입소문으로 이용하는 사람들이 많아지기 시작한 게 약 25년 전이다. 사용해본 결과 이 약의 효과를 보려면 주변 조건이 맞아야 하는 것 같다. 소음이 없고 그믐날 같은 어두움이 필수다. 한 알을 먹고 6시간 이하에서 깨면 수면 내시경하고 일어났을 때처럼 기분이 찜찜하다. 나의 경우는 열 번 중 8번은 성공했다.

나도 위의 여러 방법을 따라서 해보았다. 그러나 내가 나름 터득한 방법은 운동과 심리 요법. 현지의 시간에 빨리 적응하기 위해 낮에는 주변 산책 등 가벼운 운동을 하고 졸리면 아무 때나 잠을 자준다. 한국의 새벽 시간에 움직일 때는 야근한다고 암시를 주고 또 이 시간에 배가 고파 식사할 때는 간단하게 먹되 밤참 먹는다는 암시를 준다.

이 방법이 내게는 시차증 극복에 좋은 효과의 약이 되었다. 34년 동안 비행하면서 소화 불량을 일으키거나 소화제를 먹어본 적이 거의 없다. 시차는 여행의 적이며 큰 스트레스다. 그러나 외면할 수 없으면 같은 배를 타고 갈 수밖에 없다.

승무원 가격과 승객 가격

승무원도 처음 온 도시에 가면 단체로 관광한다. 요즘은 자전거 나라나 국내 대형 여행사들이 현지에서 지점이 나와 여행을 알선해 주지만, 이 삼십 년 전에는 한국 교포가 운영하는 여행사에 부탁했다. 한국서 온 단체 승객과 관광도 같이하고 나면 이들과 시내 개인 면세점이나 선물 가게에 데리고 간다. 일반 여행객과 다른 점은 우리에게 같이 갈 의사가 있는지 먼저 물어본다는 점이다.

들어가면 이런 단체 관광객과 마주치는 경우가 많은데 매니저는 우리가 고른 선물 계산은 나중에 해달라 부탁한다. 기다리는 동안, 사무실로 데려와서 커피나 다과를 대접하기도 한다.

이런 현상은 승무원은 끊임없이 찾아와주는 단골이고 뜨내기와 같은 단체 손님과는 물건 할인 폭이 크게 다르다. 일반에게 20% 할인 해주면 승무원에게는 최소 30~50%는 깎아 준다. 어떤 가게에서는 가이드와 짜고 바가지를 씌우며 폭리를 취하는 모습을 볼 때는 입이 근질하지만 어쩔 수가 없다.

1994년 4월 **일, 취항하고 처음으로 이집트 카이로에 갔을 때다. 이곳은 팀원 모두가 처음이라 다음 날 카이로 관광하기로 약속했다. 한국인이 운영하는 여행사가 없어 호텔에 있는 현지 여행사의 예약이라 현지인 안내를 받을 수밖에 없었다.

투어의 핵심인 기자 지구의 스핑크스 등의 올드 카이로를 구경하고, 오후에는 피라미드 구경과 낙타 탑승과 면세점 가는 일정이었다.

관광이 끝나고 호텔로 돌아갈 시간, 가이드는 가는 길에 유명한 향수 원료공장이 있다며 가겠느냐고 제의했다. 남자들은 별 흥미가 없었으나 여승무원들은 솔깃해하며 좋다고 해서 가기로 했다.

우리가 향수공장 직원에게 향수에 관해 설명을 듣고 있을 때, 십여 명이 넘는 한국인 단체 승객이 들어왔다. 우리와 반대편서 그들도 향수 이름과 원료 등에 관한 설명을 듣고 있었다. 나는 호기심으로 이들의 무리 속에 끼어서 점원의 설명을 들었다.

설명이 끝나자 샘플 향수를 뿌려보게 한 후에 붙어있는 가격에 20% 할인된 가격이 20ml 한 병에 30불, 다섯 개를 담은 한 세트에 150불이라고 했다. 그 향수는 조금 전 우리에게는 10불 가격에, 나중에는 두 병에 15불로 깎아 주겠다 했던 그 향수였다.

더 놀라운 일은 이 가격도 향수의 나라 프랑스에 비하면 턱없이 싼 가격이라고 부추기는 한국서 따라온 가이드의 말에 무덤덤했던 사람들이 여기저기서 지갑을 열기 시작했다.

1994년, 회갑을 맞은 친척이 몇 년간 모았던 목돈으로 태국 방콕을 해외여행으로 다녀왔다. 가족 친지에 줄 선물도 몇 가지 사서 왔다. 친절한 가이드의 안내를 잘 받아 여행도 좋았다며 선물 가계에서 산 물건도 자랑스럽게 보여 주었다.

선물 중에는 비교적 비싼 태국의 특산품인 악어가죽 핸드백이 있었다. 비싼 물건을 아주 좋은 가격에 샀다는 말도 덧붙였다. 이 Bag은 승무원도 부모나 가족에게 선물하기 위해 사가는 물건이라 가격대는 대강 알고 있다. 비싸게 주어도 200불 정도라고 생각했는데 무려 750불 주고 샀다는 말이었다. 촌에 사는 사람에게 터무니없이 바가지 씌운 것이라 말하고 싶었지만, 좋은 선물에 기뻐하는 모습에 실망을 주고 싶지 않았다.

일부지만, 여행 붐이 절정에 달했던 1990년대에는 소규모 여행사 사이에 경쟁이 심해 여행비는 손해 볼 정도로 싸게 팔고 선물 가계에서 폭리로 메꾼다는 소문은 사실이었던 것 같았다.

홍콩 국제공항이 지금은 도심과 멀리 떨어진 첵랍콕 신공항이지만, 1998년까지는 도심에 있는 카이탁 공항이었다. 이 당시 저녁에 도착해서 자고 다음 날 아침에 공항으로 출발이라, 사실 숙소로 이동하는 시간을 빼고 나면 사용할 수 있는 시간은 몇 시간이다. 그러나 잠을 줄이고라도 한국에 가져갈 선물을 사러 들려야 하는 선물 가계가 있었다. 주로 중국산 잣이나 참깨 같은 농산물과 녹용과 한약재, 그리고 일본 유명 브랜드 전자 제품이 승무원이 사가는 주요 품목이었다. 나도 이때는 가게의 10년 넘는 단골이었다. 여행 자유화 이전 승무원과 큰 상선을 타는 선원만 왔을 때는 대접이 좋았고 물건값도 시원하게 많이 깎아 주었다. 이때가 승무원에게 가장 좋은 시절이었다.

그러나 90년대 이후 단체 관광객들이 문전성시를 이루면서 이제는 승무원이 오지 말아 주었으면 하는 눈치였다. 우리가 물건을 고르고 있는 동안 단체가 들어오면 이때부터 살 물건에 대해 물어보거나 물건 고르는 것을 중단해야 한다. 구석에 있는 소파에 모여 그들의 구매가 끝날 때까지 딴전을 피우면서 기다려야 했다.

이런 관광객들은 직원의 상술에 잘 넘어가 많이 구매하고, 그리고 돈 씀씀이도 필요한 만큼만 절제해서 사는 승무원과는 비교가 되지 않게 돈을 헤프게 썼다. 또 마진도 높아 좋아할 수밖에 없는 손님이었다. 만약 이들이 승무원에게 해주는 할인을 알게 되면 결국 가게의 이익과 밀접한 관계가 있다 보니 승무원은 이런 가게에서 천덕꾸러기로 전락할 수밖에 없었다.

아! 좋았던 그때가 추억처럼 그립다.

문화적 차이

세계를 여행하다 보면 인종의 다양성만큼이나 문화도 다양한 것 같다.

내가 입사한 지 5개월 후인, 1987년 10월에 프랑크푸르트에 갔을 때다. 아침 8시경에 일어나 시장기를 달래기 위해 식당으로 내려갔다. 뷔페식이라 골라온 음식을 먹고 있었는데 옆 테이블에 있는 독일인이 코를 푸는 소리가 귓전을 때렸다. 이 소리에 나는 불쾌한 표정을 지으며 소리가 나는 쪽으로 고개를 돌렸다.

식사하고 싶은 마음이 없어 포크와 나이프를 놓고 이들이 알아듣지 못하는 한국말로 욕을 했다. 이때 함께 식사하고 있던 선배는 내 행동이 재미있다는 듯 웃고만 있었다. 잠시 후 그는 서양의 관습으로 식사 중에 코를 푸는 것은 예의에 어긋나지 않는다는 것을 가르쳐 주었다. 승무원이 되어 처음으로 느낀 문화적 충돌이었다.

두 번째 문화 충돌은 뉴욕 JFK공항서 일어났다.

뉴욕 가기 전날부터 감기가 심하게 걸려 동네 약국에서 처방받은 감기약을 먹고 남은 것은 만일을 위해 가지고 갔다. 13시간 비행 끝에 뉴욕에 도착했다. 입국장의 분위기가 지난달에 왔을 때와는 사뭇 달랐다. 마약견이 도착 승객의 짐에 냄새를 맡고 다니고 세관 검사대 앞에도 긴 줄을 이루고 있었다.

승무원들이 나가는 세관 부스도 밀리는 것은 마찬가지였다. 지상 직원이 들려주는 말에 따르면 마약 반입 정보가 있는 듯하다는 이야기였다. 서울서 부친 짐을 찾아 세관 직원이 있는 데스크에 갔다.

신고할 물건이 있느냐는 통상적인 질문에 없다고 했더니 짐을 오픈하라고 했다. 가방을 풀었더니 구석구석 아주 정밀 검사를 했다. 이상하게 보이는 것은 모두 열어보고 볼펜은 작동해 보고, 그리고 신발 속까지 손가락을 넣어 확인했다.

다음은 승무원이 기내서 사용할 물건을 넣어 다니는 Flight Bag을 뒤졌다. 감기약 봉지가 나왔다. 세관원은 이것이 무엇인지를 물었다. 지금은 약을 Medicine이라고 쓰지만, 영어 시험을 TOEFL로 배우고 입사한 78년대 학번이라 약이라는 단어는 Drug로만 알고 배웠다. 그래서 'My Drug'이라고 대답했다. 갑자기 눈을 동그랗게 뜨면서 놀란 표정을 하는 세관원.

그의 의심을 살만했던 것은 조제약이라 마약처럼 조그맣게 개별 포장되어 있어 그것으로 확신했는지 모른다. 나를 세관 심리실로 데리고 갔다. 그리고 다른 직원과 몇 마디 이야기를 주고받더니 이 약을 전문가에게 넘겨주었다.

감정 결과 마약이 아니었음이 밝혀졌지만, 사소한 것이 때로는 모르는 사람을 당혹하게 만들곤 하는 것 같다. 세계화란 역시 많이 알고 많은 문화에 접해보는 것이 아닐까 싶다.

1996년 7월은 조지아주 애틀랜타에서 올림픽 경기로 세계가 들끓었다. 이 지구촌 축제에 참여한 북한 임원 2명이 경기 구경을 나온 초등학교 3학년 여학생 2명을 성추행(Sexuaal Harassment)하려 했다는 토픽 기사가 나왔다.

이들이 성추행으로 판단된 행동은 한국적인 문화로 생각하면 아무것도 아닐 수 있는 행동이었다. 이 임원은 북한 선수의 경기에 응원하려고 와 있었고, 마침 옆에는 이들 초등학생이 앉아 있었다. 귀엽고 해서 물어보니 초등학생이라 했고 그들도 별다른 생각 없이 유교적인 관습대로 귀엽다며 머리를 한 번 쓰다듬어 주었다. 이 모습을 옆에서 목격한 미국 사람의 신고로 바로 연행되었다.

한국 사람의 잣대로 생각하면 어른이 아기나 어린이가 귀엽다며 공개된 장소에서 머리를 쓰다듬었다고 해서 문제로 삼을 사람은 없을 것이다. 그러나 미국이라는 사회에서는 이런 행위를 이유를 불문하고 성추행으로 간주해 재판에 넘겨진다.

최소 약 3년 정도 징역을 선고받는다고 들었다. 두 학생 중의 한 부모는 동서양의 문화적 차이에서 오는 문제 때문이라는 설명에 소송을 취하했지만, 다른 학생의 부모는 강경하게 처벌을 원한다고 했다.

이제 해외에 나갈 때는 로마에 가면 로마의 법을, 미국에 가면 미국 문화를 올바로 알아야 낭패당하지 않는다는 사실.

김포공항 역사

일본 식민지 시대였던 1916년에 일본 공군 기지로 오픈한 여의도 비행장, 서울의 관문 공항이었다. 1958년까지 국제공항으로 운영하다가 홍수가 나면 공항이 폐쇄되는 등의 문제가 발생하자 김포 공항으로 옮겨간 것이 1958년 2월 17일이다. 이 여객 청사는 2001년 인천 공항 시대가 열리면서 국내선 청사는 E마트가 임대해 사용하다가 지금은 공항 관리공단이 입주해 사용하고 있다. 1980년 국제선 1 청사가 준공되었다. 지금 국내선 청사로 사용하고 있는 건물이다. 이 당시는 국제선 취항하는 항공사가 미국과 일본 국적 항공사가 대부분이라 8개의 탑승구로도 부족함이 없었다. 그러다가 1981년 88년 서울올림픽 유치로 항공 수요가 폭발할 것이 예상되자 청사 확장 계획이 마련되었다. 올림픽 전 1988년 D항공사가 완공한 건물이 국제선 2청사였다. 이 항공사가 독점 사용하고 추후 기부 헌납하기로 하고 지어졌고 지금 김포공항 국제선으로 사용하고 있는 건물이다. 2002 한일 월드컵 유치가 1996년 결정되면서 당시 노태우 대통령이 아시아의 허브 공항으로 짓게 된 국책 사업이 인천 공항이다. 서해의 영종도와 용유도 바다를 매립해서 짓는 난 공사였지만, 월드컵 한 해 전인 2001년 3월 29일 개항의 테이프를 끊었다. 김포에서 운영하던 국제선은 모두 인천 공항으로 옮겨갔다. 그러나 1청사는 국내선으로 그대로 사용했고, 그리고 2청사는 쇼핑몰과 멀티 영화관 그리고 식당과 사무실로 임대했다. 2년 후인 2003년, 한일 정상의 합의에 따라 김포와 도쿄 하네다를 오가는 국제선이 그해 11월 30일 개설되었다.

이 당시 하루에 8편이라 2청사 오른쪽 반만 여객 청사로 운영되었다. 그러나 지금은 임대되었던 모든 시설을 내보내고 전부 국제선 청사로 운영 중이다.

그 후 2007년 상하이 홍차우 노선이, 2009년에는 오사카 간사이 노선이 열렸다. 2010년 3월 5일 중국과 김포공항과 베이징 노선 개설이 합의되었고, 이후 한·중·일을 잇는 베세토(Bejing-Seoul-Tokyo) 노선이 완성된 것이다.

옛날의 김포공항

에피소드 1

해외여행 자유화가 안 되었던 90년대 이전에는 토요일과 일요일 오후만 되면 김포공항이 남대문시장 못지않게 붐비게 된다. 결혼식에 참

 석한 하객 중에 친구들이 비행기 타는 공항까지 와서 축하해 주는 전통 때문이다. 잘못된 결혼 문화라 할 수는 없지만, 주말이면 공항 오는 길이 정체로 난리를 이루다 보니 매스컴에서 이 폐단이 여러 번 보도되곤 했다.

1991년 겨울 어느 일요일. 이날도 여느 주말과 다름없이 김포공항에는 차량과 사람으로 청사에는 입추의 여지가 없었다. 국내선 1층 공항 출입구는 금속 탐지기를 통과하려는 사람들이 긴 줄을 만들고 있었다. 이런 복잡한 와중에도 대합실에는 신혼부부와 기념사진을 찍는 사람, 빙 둘러서서 운동선수들이 파이팅 외치듯 구호를 외치는 사람들 소리가 여기저기 들리는 게 시장을 연상하게 했다. 그중에서 가장 자주 목격할 수 있는 장면은 신랑을 친구들이 헹가래 치는 모습이다. 장난기 있는 친구들은 신부를 그렇게 하는 경우도 가끔 있다.

이곳에서 흔히 보는 모습이긴 하지만 너무 큰소리로 하는 바람에 나도 모르게 그쪽으로 고개를 돌렸다. 한 번, 두 번, 세 번… 그리고는 침묵이 흘렀다.

아뿔싸! 신랑이 마지막 공중에서 내려오는 순간, 친구들이 모두 손을 놓아버린 것이다. 신랑은 그냥 콘크리트 바닥에 내동댕이쳐지고 말았다. 외마디 소리를 지르며 바닥에 떨어진 신랑은 일어나지 못했다. 같이 헹가래 친 친구들도 사태가 심상치 않다는 것을 알고 모두 겁에 질린 표정이었다.

쓰러져 있는 신랑을 보며 어찌할 줄 몰랐던 신부는 울음을 터뜨리고 말았다. 나는 공항에 의무실이 있으니 빨리 가서 조치 받도록 신랑의 친구들에게 알려 주고 비행기로 들어갔다.

비행이 끝난 후, 궁금해 직원에게 이 신혼부부에 관해 물어보았다. 이들은 신혼여행지 제주 대신, 바로 공항 앞에 있는 병원에 입원했다고 했다. 허리를 심하게 다친 신랑은 인생에 한 번 있는 신혼 밤을 친구들을 원망하며 병원 침대에 누워서 보내야 했다. 이런 기막힌 사연은 그 이후에도 가끔 일어났던 공항의 비극이다.

에피소드 2

일요일 오후. 신혼부부 때문에 몸살을 앓는 곳이 또 한군데 있다. 공항로와 올림픽로가 마주치는 개화산 앞 김포 가도다. 많은 차량이 한꺼번에 같은 시간대에 공항으로 몰리다 보니 이곳은 도로가 아니라 거대한 주차장이 되어버린다. 공항 안에 들어와서도 사정은 더욱 심하다. 국내선 청사 앞에는 이들 부부를 내려주는 승용차들이 밀리자 차선을 무시하고 편한 위치에 멈춰 서면서 서로 엉겨 난리를 친다.

이런 상황에서 비행기의 탑승 시간 가깝게 도착한 신혼부부는 다급한 발걸음으로 탑승 수속을 위해 공항 안으로 들어가려 하지만, 출입구는 하객들로 꽉 막혀있어 비집고 들어가기가 쉽지 않다.

또 이 당시는 공항청사를 들어가려면 출입구서 1차로 보안 검색받아야 했다.(이 검색은 1988년 올림픽이 열리기 전 김포공항 국제선 청사 로비에서 일어난 폭발물 사건으로 실시되다가 1993년에 중단) 이곳도 다급한 신혼부부에게 쉽게 넘을 수 있는 관문이 아니다.

이런 공항의 상황을 잘 알지 못하고, 피로연을 마치고 평소의 시간 계산으로 오다가는 예약된 비행기를 놓치는 신혼부부들이 의외로 많다. 이렇게 솜사탕 같은 신혼 첫날을 제주도가 아닌 공항 근방의 호텔로 발걸음을 돌릴 수밖에 없다.

겨우 보안 구역 안까지 들어 왔다 할지라도 비행기 좌석에 앉을 때까지 아직도 넘어야 할 고개가 많다. 보안 구역 들어오면 X-Ray 검색대의 수화물 검색도 받아야 한다.

혹시 몸에 숨기고 있을지 모르는 위험물을 찾아내기 위한 남녀의 몸 수색은 따로 가서 검색받아야 한다. 신랑 신부는 이제까지 놓칠세라 굳게 맞잡고 있던 손을 풀고 잠시 다른 길로 가야 한다. 이 검사가 끝나면, X-Ray 검색대를 통과한 카메라나 핸드백 같은 본인 소지품을 찾아 먼저 끝난 사람이 상대편을 기다려야 한다.

그러나 출발시간을 코앞에 둔 신혼부부는 오직 비행기를 놓칠지도 모른다는 생각만 하고 행동하곤 한다. 결혼식 치르느라 온종일 바쁘기만 했던 신랑 신부는 오직 비행기를 타야 한다는 생각에 탑승구 쪽으로만 줄달음친다.

이렇게 비행기 출입구에 들어설 때까지도, 자신이 지금 결혼했다는 사실을 기억해내지 못한다. 겨우 기억을 되살리는 것은, 통로가 막혀 잠시 기다리고 있을 때다. 앞뒤에 늘어선 사람은 모두가 다정하게 서로 손을 맞잡고 있는데, 자기만이 달랑 외롭게 있는 것이다.

'아뿔싸, 내 신랑!' 신랑이 먼저 들어와 있을 것을 믿으며 좌석을 찾아

간다. 그러나 옆자리는 비어있다. 자리에 앉아 기다려도 오지 않자, 불안감을 떨쳐 버릴 수 없었던 신부는 300석 가까운 기내를 돌며 찾아본다.

검색대 앞에서 이제나저제나 신부가 나오기를 애타게 기다리고 있는 신랑이 비행기 안에 나타날 리가 없다. 비행기는 이륙을 위해 활주로를 이동하고 있다.

결국, 탑승하지 않았음을 알고 허겁지겁 탑승구 쪽으로 와서 승무원에게 눈물로 사정하지만, 사무장도 이런 이유로 곧 이륙할 비행기를 세울 재주는 없다. 이륙 후, 지상에 연락해서 다음 비행기로 올 수 있도록 배려하는 것이 고작이다.

또, 자주 일어나는 헤프닝이 한 가지 더 있다. 보안 구역을 통과할 때 핸드백이나 손에 들고 온 짐 중에 둘만의 추억을 담기 위한 카메라를 X-Ray 검색을 마치고 찾지 않고 그냥 비행기를 타버리는 경우가 가장 많다고 한다. 그래도 이것은 신랑이나 신부의 어느 한쪽을 공항에 남겨두고 먼저 떠나버리는 것에 비하면 양반이다.

에피소드 3

기상 관측 사상 가장 무더운 여름으로 기록된 해가 1994년 여름이다. 연일 섭씨 30도를 웃도는 더위가 7월 한 달 내내 계속되었다. 그러다 보니 사람들은 조금이라도 더위를 식힐 수 있는 곳이라면 어느 곳이나 찾아 나섰다. 오죽하면 온 가족을 자가용에 태우고 에어컨을 켠 채 밤새 아파트 주위를 맴돈 사람도 있을 정도다.

낮에는 그래도 사방이 트인 공원이 나 산이나 강을 찾거나 아니면 대 중 사우나 수영장에서 더위를 식 히는 것이 보통 사람들의 피서 장 소이다. 시원한 은행도 좋은 피서 지이지만 은행 경비원의 눈치가 보

여 오래 있을 수가 없고, 사우나와 수영장은 돈이 든다.

이런 정신적 경제적 부담을 느끼지 않으면서 시원한 여름을 보낼 수 있는 장소가 있었다. 바로 김포공항이다. 불볕더위가 계속되는 날이 면 공항 주변인 방화동 공항동 주민들이 이곳을 피서 장소로 여겨 몰려온다. 이런 피서 인파가 절정을 이루었던 여름이 유난히 더웠던 1994년 여름이었다.

당시 국제선 1청사와 2청사에 있는 대합실 의자는 아침부터 몰려든 이 런 피서 인파로 앉을 자리 찾기가 힘들었다. 그렇다고 공항 당국도 앉 아 있는 사람들에게 공항에 온 용건을 물어 내몰 수도 없는 일이다. 청사의 서늘한 에어컨 바람 아래에서 오가는 예쁘고 늘씬한 여승무 원들을 눈요기하면서 즐기는 피서, 점심 한 끼는 스낵 코너의 샌드위 치로 해결하며 서늘한 여름을 보내려는 이곳 주민들이야말로 미워할 수 없는 알뜰 피서객이 아닐까 싶다.

[부록] 승무원 면접에서 잘 물어보는 것

노래 경연 프로그램에 나온 패널의 심사평을 보면 노래 첫 몇 소절에서 당락이 결정된다고 말한다. 서류 심사란 그 사람을 보지 않고 그 사람의 생각과 마음을 판단하는 과정이라 명판 포청천도 하기 어려운 과정일 것이다. 그러나 너무 많은 사람이 몰리다 보니 회사도 할 수 없이 통과의례로 해야 하는 과정이다.

그러면 자소서의 첫 몇 줄에 담당자의 마음을 움직여야 하는 말을 담아야 한다. 그래서 이것에 대한 정답은 없으니 모방보다는 많이 써보는 수밖에 없다고 본다.

승무원 관련 학교나 학원에서 어떤 포인트로 써야 하는지는 과정으로 가르친다. 그 틀이 아무리 좋아도 천편일률적인 내용의 모방이면 담당자는 알게 되고 그러면 싫증 나 불합격 쪽으로 보낼 것이다.

자소서 접수는 보통 3일 정도인데 첫날 접수하기를 추천한다.

첫날은 담당자도 관심이 있고 의욕이 많은 날이기 때문이다. 이 일을 담당했던 한 선배의 말로 대신할까 한다. 접수 마지막 날에 60~70%가 산더미 쌓이듯 들어오니, 혼자 감당하기에는 너무 많아 패닉이 왔다 한다. 그러다 보니 지원자의 간절한 마음을 생각할 여지 없이 기계적인 판단을 할 수밖에 없었다고 한다. 이런 와중에도 간절한 마음이 담긴 사람의 자소서는 눈에 잘 들어왔다고 한다. 여기 쓴 질문은 신입 승무원에게 물어보고 얻은 자료라 참고할 만한 가치가 있는 내용을 정리한 내용이다.

1 자소서에 꼭 쓰는 취미나 특기에 대해 가장 많이 물어봄. 취미가 테니스라면. '테니스가 좋은 점은?' '어떻게, 아니면 왜 배우게 되었느냐?' 등.

답은 가능하면 육하원칙에 맞고 간략하게, 그리고 비행 근무에 도움이 된다면 첨언하고. 또, 필라테스 강사 같은 특이한 자격증 소지자도 꼭 준비 하시길.

2 여승무원의 경우 음대, 미대나 공대같이 일반적으로 전혀 승무원 할 것 같지 않은 전공자에게는 '왜 승무원이 되려고 하느냐'

3 새로운 취항지에 대해서도. 이것은 원하는 회사에 대한 관심도이다. 이런 기사는 신문이나 포탈 검색을 통한 꾸준한 스크랩이 필요하다. 그리고 취항이 주는 항공사의 효과나 그 외 그곳 관광지도 설명할 수 있어야 할 듯.

4 자기 자신에 관한 것. 자신을 어디에 비유한다면? 반면 본인의 단점은? 20대 고객을 사로잡을 수 있기 위해서 어떻게 해야 하나? 이것은 젊은 사람이

VOC를 가장 많이 쓰는 세대라 그들의 시각과 대처 상황을 보는 것임. 분명한 것은 임원 면접 때는 신상에 관한 질문이 많다. 이때는 임원들이 승무원에 적합한 교양이나 인성을 점검하는 시간이다. 임원은 직원의 성향 파악에 경험이 많고 능한 사람들이라 면접에서 거짓말을 하거나 돌려대는 듯한 핑계는 금방 알아보는 사람이니 조심할 것. 그래서 진심을 말할 것을 권한다. 그리고 인간은 누구나 장단점이 있는데 단점 노출 안 하기 위한 장점의 과장도 면접관은 잘 파악하니 이것도 조심할 것. 유학파나 어학 성적이 높은 경우 그 언어를 잘 할 수 있는 자신만의 노하우.

5 항공사가 당신을 뽑아야 하는 이유를 말해보라. 혹은 승무원이 되게 도와준 사람이 있다면. 또, 항공 관련 학교면 선배가 말하는 승무원의 가장 힘든 점 등등.

6 지방 출신이면 고향이나 가족에 대해 자랑해보라. 몸이 약해 보이는 경우 체력을 위해 하는 운동이 있는지. 이것은 이렇게 약점으로 보이는 부분에 어떤 노력하는지를 간접적으로 알아보려는 의도.

마지막 결론:

<u>첫째,</u> 승무원은 대졸 이상의 고학력을 원하지도 않는다. 서울대나 유학파 출신이 오면 환영보다는 의심한다. 인사자료에 의하면 종착역이 아니라 경유지로 보고 오는 사람이 많기 때문이다.

<u>둘째,</u> 똑똑해서 잘 따지는 듯한 사람도 싫어한다. 이런 사람은 자존심이 강해 자신을 잘 낮추려 하지 않기 때문에 승객의 잘못에 대해 논쟁하기 쉬운 사람이기 때문이다.

<u>셋째,</u> 무뚝뚝한 표정은 감점이다. 면접이라 긴장되겠지만, 이미지가 생명인 승무원이 되려면 스마일은 거울 보고 평소에 연습해서 면접처럼 어색한 상황에도 웃을 수 있는 연습은 꼭 필요하다. 좋은 스마일 가진 사람이 입사 후 진급도 잘할 수 있는 가장 큰 무기다. 그러니 승무원의 Basic이지만 또 잘하기는 골프만큼이나 어렵다.

<u>넷째:</u> D항공이나 A처럼 메이저는 입사 절차가 시스템화 즉 표준화가 되어 상대적인 비교를 잘해 뽑지만, 반면 LCC는 사주 가족이 보는 관점이 많이 좌우한다고 하고 가족 같은 기업이라 대체로 재능과 재주가 많은 사람을 선호한다고 한다.

크루, 스탠바이

걸어서 오대양을 건너는 사람들 이야기

초판 1쇄 발행| 2022년 2월 8일

지은이	조병래
펴낸이	안호헌
디자인	윌리스

펴낸곳	도서출판 흔들의자	
	출판등록	2011. 10. 14(제311-2011-52호)
	주소	서울 강서구 가로공원로84길 77
	전화	(02)387-2175
	팩스	(02)387-2176
	이메일	rcpbooks@daum.net(원고 투고)
	블로그	http://blog.naver.com/rcpbooks

ISBN 979-11-86787-42-7 03980
ⓒ 조병래